U0348120

山西大同大学基金项目（2018-B-47）资助
山西省大学生创新创业训练计划项目（20220804）资助
山西省应用基础研究计划项目（20210302124247）资助
国家自然科学基金青年项目（31901227和32001297）资助
山西省高等学校科技创新项目（2021L376和2021L373）资助

丛枝菌根真菌-植物共生体系
耐盐性机制研究

◎吴 娜 著 ————·

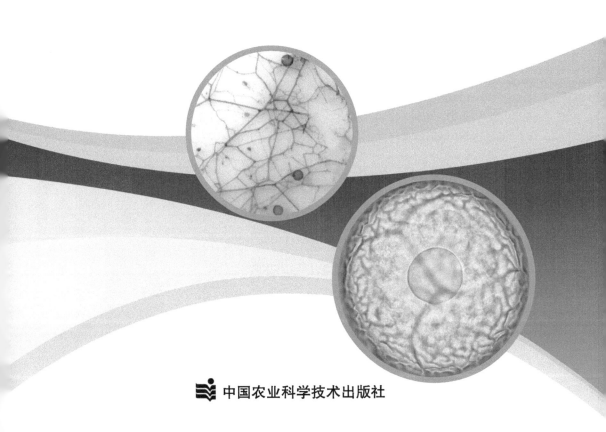

中国农业科学技术出版社

图书在版编目(CIP)数据

丛枝菌根真菌-植物共生体系耐盐性机制研究 / 吴娜著 . --北京:
中国农业科学技术出版社,2022.8
ISBN 978-7-5116-5830-2

Ⅰ.①丛… Ⅱ.①吴… Ⅲ.①丛枝菌-菌根菌-影响-植物生长-
研究 Ⅳ.①Q949.329

中国版本图书馆 CIP 数据核字(2022)第 128229 号

责任编辑　陶　莲
责任校对　李向荣
责任印制　姜义伟　王思文

出 版 者　中国农业科学技术出版社
　　　　　北京市中关村南大街 12 号　　邮编:100081
电　　话　(010) 82106625 (编辑室)　　(010) 82109702 (发行部)
　　　　　(010) 82109709 (读者服务部)
网　　址　http://www.castp.cn
经 销 者　各地新华书店
印 刷 者　北京建宏印刷有限公司
开　　本　170 mm×240 mm　1/16
印　　张　10.75
字　　数　181 千字
版　　次　2022 年 8 月第 1 版　2022 年 8 月第 1 次印刷
定　　价　80.00 元

前　言

盐渍化土壤是人类面临的主要全球性问题，在世界范围内分布广泛，相当于20个法国的国土面积。土壤盐渍化的形成因素分为自然因素和人为因素，自然因素包括沿海沼泽和湿地滩涂等，人为因素包括工业污染和不当灌溉等。全球盐渍化生态系统都存在水分缺乏、植被稀疏和环境恶化等生态问题。近些年来，我国盐渍化土壤面积不断扩大，且呈现出东进西延的趋势，给我国农林牧业和生态环境的可持续发展带来不利影响。盐渍化土壤的修复已经成为我国生态文明建设中的重要任务。

菌根是自然界普遍存在的微生物-植物共生复合体，参与构成菌根的真菌被称作菌根真菌。菌根真菌从宿主植物处获得能量物质，宿主植物则由菌根真菌提供无机物质，最终达到互利互惠和互通有无的目的。在盐渍化生态系统的修复过程中常用到的菌根真菌有丛枝菌根真菌、外生菌根真菌和深色有隔内生真菌三种类型。著者多年致力于丛枝菌根真菌修复微生态系统的研究。因此，本书围绕丛枝菌根真菌-植物共生体系耐盐性进行了论述。丛枝菌根真菌能与绝大多数的陆地植物构成互惠共生体系，通过微生物和植物间的养分交换、能量流动和信息传递，增强植物的耐盐性，促进盐渍化生态系统的植被恢复，这无疑为利用微生物生态技术修复盐渍化生态系统提供了新的思路。

本书共六章，在章节安排上遵循了丛枝菌根真菌-植物共生体系耐盐性相关机制间的内在逻辑关系。第一章研究概述，主要介绍了土壤盐渍化的现状及毒性、丛枝菌根真菌及其提高宿主植物耐盐性的相关机制，让读者对基本概念有一个概括性的认识；第二章首先通过介绍盐渍化生境中不同树龄植物根际微生物群落特征，让读者了解盐渍化生境中微生物群落的广泛分布及其潜在的重要作用，为后续章节阐述盐胁迫下微生物对宿主植物的耐盐性相关机制提供理论支持；之后通过新型分子生物技术介绍盐渍化生境中植物根际丛枝菌根真菌群落特征，让读者了解盐渍化生境中丛枝菌根真菌的广泛分布及其潜在的重要作用，为后续章节阐述盐胁迫下丛枝菌根真菌对宿主植物的耐盐性相关机制奠定基础；第三章到第五章主要论述盐胁迫下丛枝菌根真菌对宿主植物耐盐性影响的相关机制，让读者从宿主植物根际微环境、生理生化特征、耐盐基因相对表达等多个角度了解丛枝菌根真菌–植物共生体系耐盐性的相关机制；第六章为研究展望，论述当前有关丛枝菌根真菌–植物共生体系耐盐性相关机制的未来研究方向，激发读者的研究兴趣。

本书结合著者自身的综合分析能力和科学研究经历，将科学性和创新性融为一体，总结了国家自然科学基金青年项目（31901227 和 32001297）、山西省应用基础研究计划（20210302124247）以及山西省高等学校科技创新项目（2021L376 和 2021L373）的部分研究成果，吸取了国内外相关研究的最新进展，系统介绍了丛枝菌根真菌–植物共生体系耐盐性的相关机制，对于丰富我国丛枝菌根真菌资源、筛选高效耐盐丛枝菌根真菌菌株以及推广丛枝菌根真菌在盐渍化生态系统修复中的应用具有重要意义。

本书在撰写的过程中得到了山西大同大学有关领导的鼎力支持，得到了中国微生物学会和中国菌物学会的倾情助力。山西大同大学农学与生命科学学院副院长李朕副教授、山西大同大学应用生物技术研究所所长甄莉娜教授、江西农业大学林学院讲师吴斐博士和山西大同大学化学与化工学院助理实验师杨艳硕士在本书图表的绘制和文字的校对方面付出了辛勤的汗水。此外，在撰写过程中，引用和参考了不少学者的研究结果以及相关内容，在此一并致以衷心的感谢。虽然在本书的撰写上进行了不懈的努力，但是由于著者知识水平有限，书中欠妥和错误之处在所难免，敬请读者指正。

著　者
2022 年 5 月 22 日

目　　录

第一章 研究概述

第一节 土壤盐渍化的现状及毒性

一、土壤盐渍化的现状

土壤盐渍化是土地荒漠化和土壤退化的主要类型，也是当今世界共同面对的最严重的资源和生态问题之一（Seleiman and Kheir, 2018）。随着全球气候变暖，人类活动增加，盐渍化土地面积正逐年增加。我国盐渍土的总面积约为3 600 万 hm^2，占全国可利用土地面积的 4.88%（李建国等，2012），气候和地质条件，加之不合理的灌溉和耕作方式，土壤盐渍化问题困扰我国已久，且日渐突出。此外，我国作为重要的煤炭生产和加工基地，煤炭资源的开采、煤矸石等废物的堆积更是加剧了土壤盐渍化的进程。以山西省为例，截至2015年，土壤盐渍化面积已达到30.02 万 hm^2，占全省平原区总面积的 10%。其中，位于山西省北部的大同盆地盐渍化土地面积达到20.4 万 hm^2，占山西省全省盐渍化土壤总面积的 68.1%。全省每年每公顷盐渍化土地治理需要花费 8 万～10 万元（潘喆，2006）。山西省政府在《山西省"十三五"现代农业发展规划（2016—2020）》中明确指出，要"加大盐碱地治理和改良力度，采用农艺抗盐、化学改盐、耕作压盐、生物降盐等综合配套措施，减轻盐碱危害，提高盐渍化土壤生产能力"。由此可见，土壤盐渍化改良已刻不容缓。

土壤盐渍化是指易溶盐分在表层土壤积累的现象，主要过程是地下水的盐分在土壤毛细管力的作用下上升至地表，伴随着水分蒸发，可溶性盐分析出，进而积累于土壤表层（Bless et al., 2018）。钠离子是引起土壤盐渍化产生的主要离子，钠离子的过量积累诱发盐渍化环境发生和恶化。由于气候环境、经济条件以及技术设备等原因，使得盐渍化土壤修复难度大，修复率水平较低。盐渍化生态环境恢复需要气候、水文、土壤和生物改良措施相互配合（Harper et al.，2021）。生物改良具有可持续性、环保性和操作性高等特征，逐渐成为盐渍化土地改良的首选。生态系统的恢复，必须先恢复生物成分的功能，进而进行植被的恢复及动物和微生物群落的构建（Harper et al.，2021）。通过微生物改造盐渍化土壤理化性质，使其适宜植被生长，同时利用微生物与植被间的高效组合对其进行进一步改善，逐步建成可持续、能自我维持的稳定的生态系统（Riseh et al.，2021）。

二、土壤盐渍化的毒性

首先，与非盐渍化土壤相比，盐渍化土壤团粒结构差，并伴随有板结特征，这是由于土壤中过量钠离子的存在改变了原有阳离子的交换过程，使土壤变紧实，进而降低土壤的孔隙度和透气性（Cheng et al.，2021）。其次，土壤盐渍化会直接影响植物的生理过程，例如生长速率减缓、光合效应降低、渗透调节损伤、营养分布失衡和离子累积毒害等（Chowaniec and Rola，2022）。过量盐离子在植物体内的累积会诱发水分胁迫、渗透胁迫、氧化胁迫和离子胁迫（Elasad et al.，2020），二次胁迫的产生会破坏植物结构和干扰正常代谢，对植物造成毒害效应，最终导致植物枯萎死亡。最后，土壤盐渍化会扰乱生态系统，随着环境盐渍化程度的加重，生态系统中植物以及微生物的群落多样性锐减，群落结构趋于简单（Guan et al.，2020）。

在长期的进化过程中，植物产生出一系列的响应机制以适应盐渍化环境，其响应状态取决于植物类别、生长阶段和盐渍化程度。生理层面，植物对盐胁迫的响应机制主要包括改变光合作用途径、提高渗透调节能力、激活抗氧化防御系统、调整离子区隔化等方面（Rim et al.，2021）；细胞层面，过量盐离子可引起植物细胞大量失水，刺激活性氧物质的产生，促进脂肪酸饱和，加快脂质过氧化，损伤细胞膨胀能力，诱发质壁分离、胞膜破裂和胞内水解酶释放，最终导致细胞结构破坏和细胞代谢紊乱（Ahmed et al.，2020）。转录层面上，过量盐离子会诱导植物谷胱甘肽代谢通路相关基因上调的同时，也会诱导转运蛋白上调以维持盐离子的同质化，通过影响活性氧清除及离子区隔化等相关过程转录本的数量以及相对表达量，影响基因转录调控过程（Wang et al.，2022）。

三、土壤盐渍化的修复措施

迄今为止，诸多学者提出了不同的盐渍化土壤改良措施，归纳如下。

（一）物理措施

物理措施修复方法主要是通过改变土壤物理结构调控水分和盐离子的转运，抑制土壤蒸发率从而增加入渗淋盐量的目的。当前流行的措施包括以下三种方式：将含盐量百分之三的表层土壤带走后添加正常土壤，通过正常土壤与剩余土壤的混合，有效降低土壤的含盐量，达到抑制盐分和淋洗盐分的作用；通过电流的电解作用，使盐离子发生定向移动，最终将难溶性盐类进行溶解的方法；通过在盐渍化土壤的表面铺设沙子，增加土壤的孔隙度和通透性，改变盐分离子的运移和分布规律，达到脱盐和压碱的目的；通过将酸性煤矸石土壤和碱性盐渍化土壤混合达到修复盐渍化土壤的目的。上述物理措施在修复盐渍化土壤方面具有一定成效，但是成本较高且难度较大，推广过程具有局限性。

（二）水利工程措施

水利工程措施利用的是盐分易溶于水分的规律，常用的水利工程措施主要有以下几种方式：通过大水漫灌的方式将盐渍化土壤表面的盐分淋溶至土壤最深处，从而消除对植物的负面影响；也可以通过埋设地下暗管和竖井排水脱盐等水利工程措施达到降低土壤盐分的目的。水利工程相关措施的最大优点在于见效快，但是工程量大、时间维持较短且受限于水资源，推广过程难度指数较高。

（三）化学措施

化学措施主要是通过添加相应的化学改良剂从而修复盐渍化土壤，常用的化学措施主要有以下几种方式：通过含钙物质中的钙离子替换出土壤中的钠离子，将其有效转变为碳酸钙等无害盐类，达到改良盐渍化土壤的目的；也可通过酸碱中和的原理，溶解碳酸钙，提高钙离子替换盐渍化土壤中钠离子的效率，最终达到改良目的；施加有机肥料，增加腐殖质含量，稳定团聚体结构，增强土壤的通透性，活化土壤微量元素，分解后产生的有机酸中和土壤碱度。化学措施虽然见效快，但成本昂贵且会出现二次污染，所以在应用过程中也存在一定的局限性。

（四）生物措施

常用的生物措施可以通过育种方式驯化和评比耐盐作物品种和利用转基因方法获得转基因植株来实现，但是在获得相关耐盐植物品种时比较耗工费时。近年来，诸多学者开始将关注点集中于植物根系及根际微生物的研究，利用微生物生态技术进行盐渍化土壤的修复逐渐成为研究的热点问题。植物根系的营养物质主要来源于根际微生物，植物根系分泌物为根际微环境提供有机碳源，根际微生物通过趋化作用优化新陈代谢以应答根系分泌物。利用接种微生物法对植物根际微生物群落进行调节，可以有效提高植物抵御不良环境的能力，从而达到修复盐渍化土壤的目的。

第二节　丛枝菌根真菌概述

一、丛枝菌根真菌的分类

丛枝菌根真菌（Arbuscular mycorrhiza fungi，AMF）属于球囊菌门（Glomeromycota），能与超过 2/3 的植物形成互惠共生关系，这种关系推动了陆地植物根系的演变，也是植物在陆地上定殖的关键因素（Thangavel et al.，2022）。丛枝菌根真菌属于专性共生真菌，只有在与宿主植物建立成功共生体系后才能完成自身生活史。丛枝菌根真菌不存在繁殖周期，自身通过保守的减数分裂机制确保个体遗传物质能够进行稳定的遗传。通过丛枝菌根真菌庞大的菌丝网络，宿主植物获取养分的能力增强，能更好地适应逆境生境，同时丛枝菌根真菌利用植物光合作用产生的物质维持自身需求（Smith and Read，2010）。

丛枝菌根真菌的宿主范围广泛且生理生态功能多样化，因而在诸多有益土壤微生物中地位突出（Thangavel et al.，2022）。表 1-1 罗列出了丛枝菌根真菌球囊菌纲的最新分类系统，按照最新分类系统，334 个丛枝菌根真菌菌种得以鉴定，包含了 4 目 11 科 28 属。其中已经有 8 个丛枝菌根真菌菌种的全基因组得以测序，分别为异形根孢囊霉（*Rhizophagus irregularis* DAOM197198）（Tisserant et al.，2013）、明根孢囊霉（*Rhizophagus clarus* HR1）（Kobayashi et al.，2018）、地表多样孢囊霉（*Diversispora epigaea* IT104）（Sun et al.，2019）、透明根孢囊霉（*Rhizophagus diaphanous* MUCL43196）（Morin et al.，2019）、脑状球囊霉（*Rhizophagus cerebriforme* DAOM227022）（Morin et al.，2019）、玫瑰红巨孢囊霉（*Gigaspora rosea* DAOM194757）（Morin et al.，2019）、梨形地管囊霉（*Geosiphon pyriformis*）（Mathu et al.，2021）和球状巨孢囊霉（*Gigaspora margarita* BEG34）（Venice et al.，2020），对上述几种丛枝菌根真菌菌株所进行的全基因组测序对于深入揭示丛枝菌根真菌的潜在功能具有重要意义。

表 1-1　丛枝菌根真菌球囊菌纲的最新分类系统

目	科	属
多样孢囊霉目	孢囊囊霉科	孢囊囊霉属
		多样孢囊霉属
		耳孢囊霉属
	多样孢囊霉科	雷德克囊霉属
		三孢囊霉属
		伞房球囊霉属
	和平囊霉科	和平囊霉属
		齿盾囊霉属
		葱状囊霉属
		盾孢囊霉属
	巨孢囊霉科	盾巨孢囊霉属
		巨孢囊霉属
		类齿盾囊霉属
		裂盾囊霉属
		内饰孢囊霉属
	无梗囊霉科	无梗囊霉属

（续表）

目	科	属
类球囊霉目	类球囊霉科	类球囊霉
球囊霉目	近明球囊霉科	近明球囊霉属
		多氏囊霉属
		隔球囊霉属
		根生囊霉属
	球囊霉科	管柄囊霉属
		卡氏囊霉属
		球囊霉属
		硬囊霉属
原囊霉目	地管囊霉科	地管囊霉属
	双型囊霉科	双型囊霉属
	原囊霉科	原囊霉属

二、丛枝菌根真菌的生态学功能

在土壤生态系统中，丛枝菌根真菌延伸出的根外菌丝能通过菌丝融合方式形成丛枝菌根网络，从而发挥重要的生态学功能（Vezzani et al.，2018）。一方面，丛枝菌根真菌的根外菌丝分泌物能影响土壤理化性质，改变土壤微环境，调节土壤微生物群落组成，Vezzani 等（2018）将其称为菌根际效应；另一方面，丛枝菌根真菌的根外菌丝将吸收的土壤养分在宿主植物间进行合理分配，调节植物种内和种间的竞争关系（Li et al.，2020a）。

（一）丛枝菌根真菌在微生物群落水平上的生态学功能

丛枝菌根真菌是微生态系统中的重要成员，在维持生态系统功能中扮演着重要角色。丛枝菌根真菌能通过影响土壤团聚体间气体和水分状况，调控微生物类群活跃程度，改变根际微生物群落多样性，从而改善宿主植物的生长状况（Wu et al.，2021a，b；吴娜等，2022）。刘婷（2014）发现接种根内球囊霉和地表球囊霉降低了速生杨 107（*Populus×canadian* 'Neva'）根际真菌群落的丰富度指数。Gopal 等（2018）发现摩西管柄囊霉（*Funneliformis mosseae*）可通过调控根际微生物群落结构来改善高粱（*Sorghum bicolor*）的生理生化过程，使其能更好地适应盐渍化环境。Wu 等（2021b）发现在盐胁迫条件下，接种根内球囊霉能通过增加根际土壤碳储备和改变根际真菌群落结构改善青杨（*Populus cathayana*）的生长状况。

（二）丛枝菌根真菌在植物群落水平上的生态学功能

有关丛枝菌根真菌的研究，一方面集中于丛枝菌根真菌与宿主植物的共生效应，即丛枝菌根真菌可穿过宿主植物根系皮层细胞形成共生体系中的典型结构，利用这些典型结构为宿主植物提供营养元素以换取光合产物，提高其对盐胁迫的耐受性和在盐渍化生境中的竞争力（Chen et al.，2017）。Li 等（2020b）发现异形根孢囊霉能协助丝棉木（*Euonymus maackii*）在盐渍化环境中定殖，改善丝棉木的水分吸收。丛枝菌根真菌对植物耐盐性的提高既能维持生态系统的稳定性，又有利于盐渍化生态系统的修复（Gabriella et al.，2018）。

另一方面，植物个体通过丛枝菌根真菌的菌丝网络对地下资源进行竞争或者共享，影响植物群落动态，进而调节植物群落的组成和结构（Bever et al.，2010）。Li 等（2020b）发现根内球囊霉在连接不同性别青杨时，并不是将吸收到的营养物质平均分配给青杨雌株和雄株，而是会依据不同性别对养分的需求进行分配。Bell 等（2022）为丛枝菌根真菌-植物共生体的地下动力学研究提供了重要见解，认为在植物群落动力学研究中，丛枝菌根真菌在养分流动过程中会对宿主植物群落产生营养益处和非营养益处。Guzman 等（2021）阐明了宿主植物群落多样化对改善丛枝菌根真菌群落的积极作用，认为提高作物多样性可以通过改善丛枝菌根真菌群落从而重塑农田生态系统的多功能性，要想更好地维持盐渍化生境中植物的生产力，需量化丛枝菌根真菌对生态系统的贡献，优化丛枝菌根真菌、宿主植物及其根际微生物间的相互作用并筛选最佳组合，由此产生生态代谢组学，旨在从生态层面对丛枝菌根真菌和植物群落间关系进行研究。

三、丛枝菌根真菌的群落研究

由于丛枝菌根真菌的重要生理生态功能，对于其群落结构多样性的研究也开始备受关注。丛枝菌根真菌具有较强的生态适应性，其群落广泛分布于各类盐渍化生态系统中，包括盐渍化土壤（Sheng et al.，2019）、围垦地（Krishnamoorthy et al.，2014）和沿海湿地（Guan et al.，2020）等。Sheng 等（2019）通过调查中国北方4个盐渍化地区刺槐（*Robinia pseudoacacia*）根系和根际土壤丛枝菌根真菌群落多样性发现，丛枝菌根真菌的特性变化主要归因于栖息地特征和地理距离的变化。其中，栖息地特征对于根系和根际丛枝菌根真菌群落的贡献率是相同的，而地理距离对于根系丛枝菌根真菌群落的贡献率更大。Krishnamoorthy 等（2014）发现土壤盐渍化在丛枝菌根真菌群落变化中起主导效应，且摩西球囊霉和增殖球囊霉为该地区的优势丛枝菌根真菌属。Guan 等（2020）调查了沿海湿地随植被演替沉积物中丛枝菌根真菌群落的变化规律，发现该地区的优势属为球囊霉属且盐度是影响沿海湿地沉积物中丛枝菌根真菌群落变化的关键因子。

对于丛枝菌根真菌群落结构的研究方法通常采用形态鉴定和分子鉴定两种方法。形态鉴定主要是对照国际丛枝菌根真菌保藏中心提供的参照依据，利用丛枝菌根真菌的形态特征，包括孢子大小、孢子性状、孢壁厚度以及连孢菌丝等进行区分（图1-1）。尽管可以通过形态鉴定丛枝菌根真菌的菌株，但有时仍会由于不同菌株间有限的形态差异而产生误导。分子鉴定主要包括有末端限制性片段长度多态性分析（Terminal-restriction fragment length polymorphism，T-RFLP）（Krishnamoorthy et al.，2014）、巢式聚合酶链式反应-变性梯度凝胶电泳（Polymerase chain reaction-denatured gradient gel electrophoresis，PCR-DGGE）技术（Wu et al.，2021b）和二代测序（Next generation sequencing，NGS）技术（Sheng et al.，2019）。随着时代发展，新型分子鉴定技术包括454焦磷酸测序和Illumina Miseq 等二代测序技术成为了研究的主流。Sheng 等（2017）利用454焦磷酸测序技术发现不同树龄刺槐根际和根系丛枝菌根真菌群落组成差异显著，且林龄对于刺槐根系丛枝菌根真菌的群落组成影响显著。之后，Sheng 等（2019）又利用Illumina Miseq 测序探究了根系和根际土壤中丛枝菌根真菌群落、地理距离和生境特征间的相互关系。由此可见，新型分子鉴定技术的发展和兴起有效促进了盐渍化生态系统中丛枝菌根真菌物种多样性的研究。

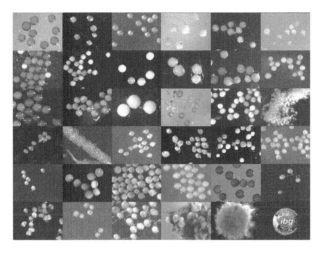

图 1-1 丛枝菌根真菌的孢子形态

第三节 丛枝菌根真菌提高植物耐盐性的机制

丛枝菌根真菌主要通过促进营养元素吸收（特别是磷）提高宿主植物的耐盐性，但这并不是丛枝菌根真菌提高宿主植物耐盐性的唯一机制（Gabriella et al.，2018）。宿主植物的菌根依赖度会随土壤盐渍化程度的增加而逐渐增加（Wu et al.，2016），说明宿主植物在生长过程中需要丛枝菌根真菌协助进行生物量积累和营养吸收以更好应对盐渍化生境（吴娜，2018）。一旦丛枝菌根真菌和宿主植物建立共生体系，其联系会逐渐加强，由此可见丛枝菌根真菌具有协助植物在盐渍化生境中生存和改善盐渍化生态环境的重要潜力（图 1-2）。

一、维持宿主植物水分状况

盐渍化生境会影响植物对土壤水分的吸收，引起植物生理性干旱，而丛枝菌根真菌能通过提高宿主植物横向根系压力和纵向蒸腾压力维持宿主植物体内水分持有状况，缓解盐胁迫造成的伤害（Amiri et al.，2017）。Chiu 等（2018）发现接种异形根孢囊霉显著增加了水稻（*Oryza sativa*）的侧根数；Valat 等（2018）发现接种摩西管柄囊霉能诱导葡萄（*Vitis vinifera*）不定根的生长；Laza-

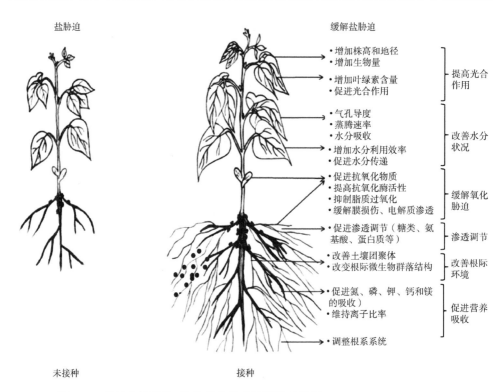

图1-2　丛枝菌根真菌-植物共生体系的耐盐性机制（Kapoor et al.，2013）

revic 等（2018）发现接种异形根孢囊霉可延长小麦（*Triticum aestivum*）细根并诱导其产生分枝，由此可见，丛枝菌根真菌可通过调整根系系统提升宿主植物横向根系压力以改善植株体内的水分状况。盐胁迫条件下，菌根化青杨（Wu et al.，2015）、刺槐（Chen et al.，2017）和丝棉木（Li et al.，2020b）等植株的纵向蒸腾作用显著高于未菌根化植株。除此以外，丛枝菌根真菌还能通过改善土壤团聚体粒径，提高土壤结构稳定性，增强土壤保水能力及维持根际微环境的水势梯度等方式提高宿主植物对土壤水分的吸收效率（Zhang et al.，2016；Roy et al.，2021）。

二、提高宿主植物光合能力

丛枝菌根真菌-植物的共生体系是以二者矿物质营养和光合产物相互交换为

代价，为此，丛枝菌根真菌以提高光合效率方式增强宿主植物光合效应，增加光合产物的积累，从而使得二者的共生体系在盐渍化生境中更好地生存（Chen et al.，2017）。Li 等（2020b）发现接种根内球囊霉（*R. irregularis*）能够显著提高丝棉木的气孔导度和二氧化碳同化速率，促进光合作用，增加光合产量，且盐渍化条件下菌根化丝棉木的光合作用甚至强于无胁迫处理植株。盐胁迫降低了菌根化和未菌根化青杨的净同化率、蒸腾速率和气孔导度，与此同时，盐胁迫条件下菌根化青杨的净同化率、蒸腾速率和气孔导度显著高于未菌根化植株（Wu et al.，2015）。此外，菌根化植株根部较强的水分吸收能力是丛枝菌根真菌提高植株光合作用的另一因素（Li et al.，2015）。

　　土壤中的过量盐离子会抑制叶绿素的合成和毒害光合色素合成过程中的相关酶类，从而降低植物的光合作用（Ashraf et al.，2017）。研究表明，盐胁迫条件下，接种丛枝菌根真菌显著增加了青杨（Wu et al.，2015）和丝棉木（Li et al.，2020b）叶片的叶绿素含量。叶绿素荧光参数可以表征盐胁迫对植物叶绿体结构和光系统Ⅱ（PSⅡ）功能的损伤程度（Chen et al.，2017）。盐胁迫条件下，菌根化刺槐的光化学参数显著高于未菌根化植株，而在无盐胁迫的条件下，二者的光化学参数并无显著差异，这表明丛枝菌根真菌对刺槐叶片光化学能力的维持作用主要发挥于有盐胁迫存在的条件下（Chen et al.，2017）。

三、改善宿主植物渗透调节能力

　　盐胁迫条件下，植物自身通过累积渗透物质维持根际微环境中的渗透梯度（Parihar et al.，2020）。植物细胞在进行自由基清除、缓冲细胞氧化还原电位和维持亚细胞结构稳定的过程中，能通过合成脯氨酸缓解盐离子的毒害效应（Wu et al.，2016）。Rabab 和 Reda（2018）发现接种单孢球囊霉（*Glomus monosporum*）、明球囊霉（*Glomus clarum*）、黑巨孢囊霉（*Gigaspora nigra*）和光壁无梗囊霉（*Acaulospora laevis*）的混合菌剂能通过增加芸香草（*Trigonella foenum - graecum*）体内脯氨酸的积累量提高其渗透势，使共生体能够更好地在盐渍化生境中生存。甘氨酸甜菜碱可稳定抗氧化酶类的四级结构，防止细胞内在和外周蛋白的脱落，维持蛋白质结构的稳定性和细胞膜的完整性。Wu 等（2016）发现盐胁迫条件下，接种异形根孢囊霉可使宿主植物青杨根部甘氨酸甜菜碱的含量增加，提高植物细胞渗透压。菌根化植株根系可溶性糖和蛋白的累积效应尤为明显，一方面可能是由于丛枝菌根真菌协助维持根系细胞膨压以帮助根系生长，另一方面也可能是由于丛枝菌根真菌自身的聚集效应所致（Parihar et al.，2020）。Parihar 等（2020）发现盐胁迫条件下，和未菌根化植株相比，接种集聚生球囊霉和巨孢囊霉属的混合菌剂可显著促进豌豆（*Pisum sativum*）可溶性物质的积累，且增加程度与植株的菌根化程度密切相关，从而防止原生质脱水，维持细胞膨压，提高其对盐胁迫的耐受性。

四、增强宿主植物抗氧化能力

盐胁迫会打破植物体内的过氧化氢和超氧阴离子等活性氧（ROS）的动态平衡造成氧化损伤。丛枝菌根真菌-宿主植物共生体系建立的初期，由于自身免疫反应会促进超氧阴离子的产生，中后期则可激活抗氧化防御系统相关酶类以清除活性氧（Chen et al.，2020）。抗氧化防御系统对于逆境胁迫的响应机制具有宿主植物特异性和真菌特异性（Wu et al.，2016；Rabab and Reda，2018）。多项研究表明，明球囊霉（Rabab and Reda，2018）、异形根孢囊霉（Wu et al.，2016）和幼套球囊霉（*Glomus etunicatum*）（Alizadeh et al.，2021）在与宿主植物建立共生关系的过程中，会降低宿主植物体内脂质过氧化水平（Wu et al.，2016），激活宿主植物内超氧化物歧化酶、过氧化物酶和过氧化氢酶的活性（Li et al.，2020b），保证宿主植物叶片光化学反应的正常进行和维持细胞膜的完整性，以利于对盐离子的选择性吸收和液泡区隔化（Chen et al.，2017），缓解盐胁迫对植株造成的损伤。综上所述，接种丛枝菌根真菌可通过激活宿主植物的抗氧化防御系统协助宿主植物更好地在盐渍化生境中生存，这既是宿主植物自身对丛枝菌根真菌的响应机制，也是丛枝菌根真菌、宿主植物和盐渍化环境三者互作的结果（吴娜，2018）。

五、促进宿主植物营养吸收

盐渍化土壤中过量的盐离子会造成植物体内的营养离子失衡。丛枝菌根真菌能以扩大植物根系吸收面积和增强植株根系分泌能力的方式，提升土壤营养元素利用的有效性，协助宿主植物从土壤溶液中吸收低浓度营养离子，缓解这种失衡状况，加强植物和丛枝菌根真菌间的物质交换（Penella et al.，2017）。Hu 等（2017）研究发现接种异形根孢囊霉会造成宁夏枸杞（*Lycium barbarum*）自身对磷元素直接吸收功能的丧失，而丛枝菌根真菌菌丝则可提供给植物高达 80%的磷，甚至能完全替代宿主植物自身对磷元素的吸收。Xie 等（2022）研究发现丛枝菌根真菌中磷酸盐转运蛋白（SPX 型）具有磷酸盐吸收与卸载的双重功能，并能通过自身结构域精细调控磷酸盐平衡，从而改善宿主植物磷营养状况。盐渍化条件下，丛枝菌根真菌可以通过促进宿主植物对磷元素的吸收来增加其细胞膜完整性，加强其他营养离子的选择性吸收和盐离子的排出机制，从而进一步降低盐离子的毒害效应（Penella et al.，2017）。

此外，与丛枝菌根真菌共生还能促进宿主植物对其他大量元素的吸收。Wu 等（2017）发现，氮含量较高的条件下，菌根化速生杨 107（*Populus×canadian*）体内的氮元素含量显著高于未菌根化植株。Wu 等（2020）通过研究发现接种异形根孢囊霉显著上调了速生杨 107 根系的硝酸根离子转移基因（*NRT*），暗示丛枝菌根真菌可能通过调控硝酸根离子转移基因而协助宿主植物吸收更多的氮元素。Diao 等（2021b）通过研究发现盐胁迫条件下，接种摩西管柄囊霉显著增加了盐地碱蓬（*Suaeda salsa*）体内的钾、钙和镁含量，认为这可能是丛枝菌根真菌协助宿主植物缓解盐胁迫损伤的机制之一。由此可见，共生的植物能够通过依赖丛枝菌根真菌获得更多的营养元素以增强其竞争优势。

六、调控植物耐盐性的分子机制

丛枝菌根真菌能通过调控相关耐盐基因的表达提高植物耐盐性。首先，丛枝菌根真菌与宿主植物形成共生体系后会调控植物水通道蛋白（Plasma membrane intrinsic protein，PIP）家族基因的表达。水通道蛋白调控的通道只允许水分子进出，以此在转录水平上调控植株体内的水分状况（Singh et al.，2018）。Singh 等（2018）发现短期盐胁迫会提高水通道蛋白活性，而长期盐胁迫则会降低水通道蛋白活性。盐胁迫条件下，丛枝菌根真菌上调了刺槐根系水通道蛋白 *PIP*1-1 基因、*PIP*1-3 基因和 *PIP*2-1 基因的相对表达量（Chen et al.，2017），下调了莴苣（*Lactuca sativa*）根系中水通道蛋白 *PIP*2 基因的相对表达量（Jahromi et al.，2008）。Jahromi 等（2008）发现在没有盐胁迫的条件下，接种异形根孢囊霉显著下调了莴苣根系水通道蛋白 *LsPIP*1 基因和 *LsPIP*2 基因的相对表达量；盐胁迫条件下，接种异形根孢囊霉显著上调了水通道蛋白 *LsPIP*1 基因的相对表达量，而对水通道蛋白 *LsPIP*2 基因的相对表达量影响不显著。由此可见，水通道蛋白家族不同基因和丛枝菌根真菌对不同水通道蛋白的调控均存在特异性。

其次，丛枝菌根真菌与宿主植物形成共生体系后会调控植物离子转运基因的表达。如图 1-3 所示，环境中过量的钠离子能通过非选择性阳离子通道横跨细胞质膜进入植物，一旦植物内的钠离子超过阈值，丛枝菌根真菌能协助宿主植物细胞启动相应应答机制以降低细胞质内的钠离子浓度：一方面，细胞质膜钠离子氢离子逆向转运蛋白将胞内过量的钠离子排出；另一方面，液泡膜的钠离子氢离子逆向转运蛋白将胞内过量的钠离子区隔化（Porcel et al.，2016）。盐胁迫条件下，丛枝菌根真菌上调了水稻、刺槐和青杨根系质膜钠离子氢离子逆向转运蛋白基因的相对表达量（Porcel et al.，2016；Chen et al.，2017；吴娜，2018）；也上调了叶片液泡膜钠离子氢离子逆向转运蛋白基因和根系液泡膜的钠离子氢离子逆向转运蛋白基因的相对表达量。Diao 等（2021b）发现在 400 mmol·L⁻¹氯化钠胁迫条件下，丛枝菌根真菌下调了叶片液泡膜钠离子氢离子逆向转运蛋白基因的相对表达量；Ouziad 等（2006）却发现丛枝菌根真菌对番茄两个液泡膜钠离子氢离子逆向转运蛋白基因表达量的变化并无显著效应，认为丛枝菌根真菌未激活钠离子氢离子逆向转运蛋白基因的表达。此外，由高亲和性钾离子转运蛋白基因编码的钠离子转运蛋白在调控钠离子和钾离子转运和平衡过程中具有重要作用，能负责将钠离子从光合器官转移至根系系统和减少木质部钠离子的卸载。Porcel 等

（2016）研究发现 75 mmol·L^{-1}氯化钠胁迫条件下，丛枝菌根真菌显著上调了高亲和性钾离子转运蛋白基因的相对表达量；Chen 等（2017）研究发现 200 mmol·L^{-1}氯化钠胁迫条件下，丛枝菌根真菌显著上调了高亲和性钾离子转运蛋白基因的相对表达量。由此可见，盐胁迫条件下丛枝菌根真菌能够调控植物内调控钠离子转运相关基因的表达，且离子转运相关基因间和丛枝菌根真菌对不同离子转运基因的调控均存在特异性。

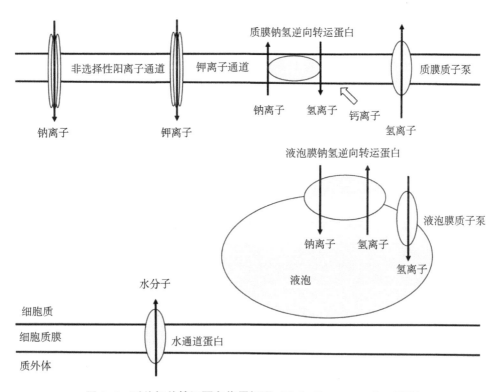

图 1-3　耐盐相关转运蛋白作用机理（Ruiz-Lozano et al., 2012）

最后，丛枝菌根真菌与宿主植物形成共生体系后会调控植物的抗氧化防御和代谢通路。随着组学技术的发展，转录组学和蛋白组学技术开始被用于揭示丛枝菌根真菌协助宿主植物对盐胁迫响应的分子机制。Ren 等（2019）利用转录组学技术研究了摩西球囊霉协助田菁（*Sesbania cannabina*）响应盐胁迫的分子机制，结果发现摩西球囊霉调控了光合作用和清除活性氧的相关基因。Zhang 等

（2021）利用转录组学技术研究了异形根孢囊霉协助芦笋（*Asparagus officinalis*）响应盐胁迫的分子机制，结果发现异形根孢囊霉能通过调控活性氧清除、水分营养调控以及细胞壁合成和修饰过程中所涉及的相关转录本数量，从而增强宿主植物的耐盐能力。Wang 等（2019）利用蛋白质组学技术研究了丛枝菌根真菌中的模式菌株异形根孢囊霉协助星星草（*Puccinellia tenuiflora*）响应盐胁迫的机制，结果发现异形根孢囊霉调控了宿主植物的活性氧清除、营养以及能量代谢过程的相关通路。

诸多研究发现丛枝菌根真菌能通过多种方式缓解盐胁迫带给宿主植物的伤害，增强宿主植物的耐盐性。表 1-2 列出近些年来部分丛枝菌根真菌-植物共生体系耐盐性机制的相关研究所得出的特征性结论，通过表 1-2 可以看出，丛枝菌根真菌能够与不同类别的植物形成共生体系最终发挥出不同的效能。不论以何种方式，一旦丛枝菌根真菌和宿主植物成功建立共生体系后，二者的相互作用和相互联系会愈发巩固，丛枝菌根真菌作为微生态系统中的重要成员，以该种方式协助宿主植物在盐渍化生境中更好地生存，从而达到修复盐渍化生态系统的目的。

表 1-2　丛枝菌根真菌-植物共生体系耐盐性机制的相关研究

丛枝菌根真菌	宿主植物	特征性结论
异形根孢囊霉	番茄	促进大量营养元素吸收
	小麦	延长细根并诱导其分支
	水稻	增加根系侧根数目
	枸杞	增强根系磷元素的转运能力
	沙枣	激活次生代谢和活性氧清除通路
	刺槐	改变水通道蛋白基因表达模式
	青杨	改变盐超级敏感基因的表达模式
	芦笋	增强活性氧的清除能力
	甘薯	促进氮素转移再分配
	金银花	增强重金属镉离子积累能力
	速生杨	上调硝酸根离子转移基因的表达

（续表）

丛枝菌根真菌	宿主植物	特征性结论
异形根孢囊霉	丝棉木	增强团聚体的稳定结构
	星星草	激活次级代谢产物通路
	胡卢巴	促进渗透物质累积
	紫穗槐	激活防御调控及共生蛋白的表达
	地毯草	促进植株再生
摩西管柄囊霉	葡萄	诱导不定根生长
	田菁	激活菌根化枢纽基因
	西瓜	诱发碳水化合物和内源激素变化
	高粱	改变根际微生物群落结构
	狼牙刺	增强重金属离子的螯合能力
	盐地碱蓬	促进阳离子营养元素吸收
幼套球囊霉	水稻	调控逆向转运蛋白基因的表达
	香脂草	促进酚类化合物合成
	丝棉木	增强水稳性团聚体的稳定性
明球囊霉	芸香草	促进渗透物质累积
地表球囊霉	刺槐	增强根系固土拉力
聚生球囊霉	豌豆	促进可溶性物质累积

第四节　研究目的和意义

土壤中的过量盐离子影响植物根际土壤结构和微生物群落多样性（Guan et al., 2020）、植物水分状况（Wu et al., 2015）、光合效应（Chen et al., 2017）、渗透调节（Wu et al., 2016）、氧化防御（Chen et al., 2020）、营养元素吸收（吴娜 2018）、离子平衡和耐盐基因表达（Zhang et al., 2017b），导致植物生长变缓和生产力降低。利用微生物共生改善盐渍化生境中植物生长从而修复盐渍化生态系统一直是研究的热点。诸多研究表明，丛枝菌根真菌能够通过维持宿主植物水分状况（Wu et al., 2015），提高宿主植物光合能力（Chen et al., 2017），改善宿主植物渗透调节能力（Wu et al., 2016），增强宿主植物抗氧化能力

（Chen et al., 2020），促进宿主植物营养吸收（Penella et al., 2017）和影响宿主植物耐盐基因的相对表达量（Porcel et al., 2016）等提高其对盐渍化生境的耐受性。

本书主要从以下几个方面揭示丛枝菌根真菌-植物共生体系耐盐性机制研究的相关机制。生态系统中植物群落特性至关重要，研究者通过盐渍化生境中不同树龄植株的根际微生物群落分布特征存在差异，可以揭示出微生物在盐渍化生态系统中的重要功能；通过茶卡盐湖特殊的盐渍化生境中植物根际丛枝菌根真菌群落结构特征的研究发现，盐分胁迫在丛枝菌根真菌群落结构的变化中发挥了主导效应；通过模拟盐渍化生境条件下丛枝菌根真菌诱发的宿主植物根际微环境的变化，从根际土壤理化性质、团聚体结构以及微生物群落3个方面揭示丛枝菌根真菌在植物根际微环境生态系统稳定性维持过程中发挥的潜在机制；通过模拟盐渍化生境条件研究丛枝菌根真菌对宿主植物水分状况、光合效应、氧化防御、渗透调节、营养吸收以及离子平衡6个方面生理生化特征的影响，揭示出丛枝菌根真菌对宿主植物的生理生化特征的系统调控；通过模拟盐渍化生境条件研究丛枝菌根真菌对宿主植物分子水平机制的调控，深入揭示丛枝菌根真菌-植物共生体系耐盐性的相关路径，为利用微生物生态技术修复盐渍化生态系统提供新的思路。

第二章　盐渍化生境中植物根际微生物的群落特征

第一节　盐渍化生境不同树龄植物根际微生物群落的变化

在盐渍化森林生态系统中，土壤微生物在促进植物和土壤微环境养分循环、有机质在土壤微环境中的分解作用、植物养分的有效性和土壤结构维持等方面都扮演了重要角色（Wu et al.，2019）。了解清楚盐渍化生态系统中土壤微生物群落与养分循环之间的关系对于盐渍化生态系统的修复和可持续发展至关重要。前期诸多研究表明，宿主植物的种类和丰富度可以塑造相应的根际微生物群落（Wu et al.，2019）。反而言之，根际微生物能通过调控宿主植物的氧化防御体系从而提高林木的耐性（Chen et al.，2020）。为了维持生物逆境和非生物逆境中微生态系统多样性，清晰阐明影响微生物群落结构的因素从微生态角度看是十分必要的。随着盐渍化生态系统的演化过程，微生物群落结构受到根际微环境中土壤理化性质的影响。植树造林是提高植被覆盖率的有效途径，不仅可以改变植物群落组成及其根际微环境，也能够影响土著微生物群落（Sheng et al.，2017；陈雪冬，2018）。在根际微生态系统中，微生物和植物等生物因素能够与土壤条件等非生物因素相互作用。一个完整的林木种群包含了不同生命阶段的植株，在该种群中个体和环境因素间复杂的交互作用能得到较好的确立。诸多研究表明植树造林对于微生物功能具有显著效应。然而，在人工林中根际微生物群落随树龄的变化状况尚未调查清楚。

新疆杨（*Populus alba*）是我国西北盐渍化地区的乡土树种，由于对盐渍化胁迫具有较高的耐受性，因此经常被种植于盐渍化土壤中用于盐渍化生态的修复。作为经济树种和生态保护树种，新疆杨在 20 世纪末就开始在我国盐渍化地区进行大规模的种植。在新疆杨人工林中包含了不同树龄植株，研究者认为不同树龄植株根际土壤微环境可能会存在差异。杨树根际微生物的发生有着充分的调查记录，一些微生物可以显著促进杨树的生长（李朕，2017）。李朕（2017）认为根据不同特点，植物种类对于根际土壤营养质量影响显著，这可能是由于根系分泌物对于根际微生物群落和活性的影响效果不同所致。此外，也有可能是由于根际微环境中的微生物沿着时序发生变化的缘故，最终导致微生物群落结构中可用资源发生改变。尽管根际微环境中的上述变化及其对微生物群落的影响一直是林业研究中的热点问题，但由于空间和时间上的差异，微生物群落变化原因复杂多变，具体机制尚未阐明清晰。研究者认为在新疆杨的根际微环境中，微生物与其的相互作用是存在的，探索新疆杨根际微生物随树龄变化及其变化过程中的主导因子对于盐渍化生态系统的修复至关重要。

研究者调查比较了盐渍化地区宁夏回族自治区中卫市新疆杨人工林中的不同树龄植株根际微生物群落的变化规律，调查了不同树林新疆杨根际土壤物理性质（电导率、pH 值和水分含量）、营养元素含量（速效钾、速效磷、硝态氮和铵态氮）、酶活性（碱性磷酸酶、过氧化氢酶、脲酶、脱氢酶和蔗糖酶）以及微生物群落多样性。研究者假设植树造林能够引起土著微生物群落的演替变化，且该种变化是由盐渍化土壤中种植不同树林新疆杨诱发的进化效应引起。研究者为此进行了调查，以评估植树造林过程中种植人工林的时序对土壤理化性质和微生物群落的影响。全球范围内，气候因子、土壤类型和植物种类是微生物群落多样性和结构的重要预测因子，在特殊情况下，根际微环境可能会进一步受到植株树龄的影响。Bever 等（2010）认为建立在资源竞争基础上，植物和根际土壤间的相互作用可以解释上述现象。

一、样地概况与样品采集

采样地位于宁夏回族自治区中卫市新疆杨人工林，经度和纬度分别为 105°16′E 和 37°30′N。中卫市远离海洋，靠近腾格里沙漠，气候具有干燥、寒冷和多风的特点，属于半干旱气候，年平均气温 9 ℃，年平均降水量 245.8 mm，年日照为 3 796.1 h，是典型的生态脆弱区域，自 1990 年起就开始了新疆杨的商业化种植。该地区的土壤类型为轻度盐渍化的草甸土。该人工林根据林场条件，对不同树龄的新疆杨进行了严格的分开种植。本研究选取的新疆杨的树龄分别为 4 年、9 年、15 年、25 年和 30 年，每个所选树龄分别设置 4 个 20 m×20 m 的样方，采用 5 点取样法在单个样方内随机选取 5 株新疆杨。在距离树干 0～40 cm 范围内，利用手持式电动取样器沿植株东南西北 4 个方向选取 5～20 cm、20～35 cm 和 35～50 cm 3 个土层深度的土壤。采集带有细根的根系，轻轻抖落附在根上的土壤，作为根际土样。将相同树龄植株相同深度土层不同方向的样品均匀混合，再将同一样方的样品均匀混合作为该样方的代表性样品。将代表性样品收集在无菌塑封袋置于冰上运输至实验室。根际土壤用于土壤物理性质、营养元素含量和酶活性的测定，表层土层提取土壤 DNA 用于微生物群落多样性的测定。

二、根际微生物群落全基因组测序

（一）土壤物理性质、营养元素含量和酶活性的测定

土壤含水量的测定采用烘干法；pH 值的测定使用精密酸碱度计进行测定［土壤（g）：水（mL）为 1∶2.5］；电导率的测定用电导仪测定浸提液［土壤（g）：水（mL）为 1∶5］；有机碳含量的测定采用重铬酸钾氧化法；速效磷含量的测定采用碳酸氢钠钼锑抗比色法；速效钾含量的测定采用乙酸铵火焰光度计法；硝态氮和铵态氮含量的测定采用连续流动分析仪测定（鲍士旦，2000）。土壤脲酶活性的测定采用靛酚比色法；脱氢酶活性的测定采用氯化三苯基四氮唑法；碱性磷酸酶活性的测定采用磷酸苯二钠比色法测定；过氧化氢酶活性的测定采用高锰酸钾滴定法测定；蔗糖酶活性的测定采用磷钼酸比色法测定。

（二）根际微生物群落全基因组测序

使用 E. Z. N. A. 土壤 DNA 提取试剂盒（欧米伽生物科技有限公司，圣安东尼奥，美国），按照说明步骤提取新疆杨根际土壤 DNA；采用紫外分光光度计检

测土壤 DNA 浓度及纯度；采用 0.8% 琼脂糖凝胶电泳检测 DNA 样品的完整性。每个处理 DNA 均经过半嵌套式聚合酶链式反应技术检测并确保合格，并进行聚合酶链式反应扩增。聚合酶链式反应的扩增过程如下。

1. 引物

真菌 ITS 区 rRNA 基因的扩增引物为：

ITS1F（5′-CTTGGTCATTTAGAGGAAGTAA-3′）；

ITS2（5′-GCTGCGTTCTTCATCGATGC-3′）（White，1990）

细菌 16S 区 rRNA 基因的扩增引物为：

520F（5′-AYTGGGYDTAAAGNG-3′）；

802R（5′-TACNVGGGTATCTAATCC-3′）（Muyzer et al.，1993）

2. 扩增体系与程序

使用 S1000™ Thermal cycler（伯乐公司，赫拉克勒斯，美国）进行聚合酶链式反应扩增。扩增体系包括 0.25 μL 聚合酶、1 μL 上游引物（10 μmol·L^{-1}）、1 μL 下游引物（10 μmol·L^{-1}）、2 μL 模板、2 μL 脱氧核糖核苷三磷酸、5 μL 反应缓冲液、5 μL 高 GC 增强剂以及 8.75 μL 超纯水，共 25 μL 体系。扩增程序为：98 ℃ 5 min，27 次循环（98 ℃ 30 s、56 ℃ 30 s、72 ℃ 30 s），最后 72 ℃ 5 min。使用空白样品作对照，利用 1% 琼脂糖凝胶和 DL 2000 DNA marker 存在下的 Du Red 染色分析聚合酶链式反应产物的产率和引物特异性。

（三）数据处理与分析

对得到的序列进行质量过滤，并裁减掉多重引物识别位点的序列。质量过滤是在双端序列上形成，从第一个基准位置开始移动至 5 bp 的位置，平均基准质量窗口需符合大于等于 Q20（即基本准确度为 99%）。序列从小于 Q20 的位点截断，最终序列大于等于 150 bp，期间允许无氮模糊碱基的出现。利用软件 Flash 读取得到的序列，读取序列间的重叠要求大于等于 10 bp，无碱基错配现象。最后，根据索引信息提取完全匹配的每个样本的有效序列。在高通量测序文库构建过程中序列利用聚合酶链式反应扩增产生，为了避免点突变和测序过程中的其他错误获得高质量序列，利用 MOTHUR 软件和 QIIME 软件进行进一步的过滤和后续分析。5′端的错配且错配长度大于 1 bp 的序列、带有模糊碱基的序列和长度小于等于 150 bp 的序列以及嵌合序列已被去除。整理后的序列基于 97% 的相似性被聚集到操作分类单元中，丰富度最高的操作分类单元被选作该操作分类单元的代表性序列，通过与 SILVA 数据库中的参考分类群进行比较删除单个操作分类单元。

使用 IBM SPSS 20.0 进行方差分析，土壤理化性质得到的数据为 4 个重复测量得到的平均值和标准差，通过 Duncan 和 HSD 多重比较检验数据在 5% 水平的显著性。回归分析用于检验不同树龄植株、根际土壤因子以及微生物群落多样性间的相互作用。通过 Bray-Curtis 算法将微生物多样性数据转换后，使用非线性多维标度分析（Non-Metric Multidimensional Scaling，NMDS）进一步确定不同树龄新疆杨根际微生物群落间的差异性（Bray and Curtis，1957）。为了评估微生物群落结构与环境参数间的相关性，利用 CANOCO 4.5 软件进行冗余分析（Redun Dancy Analysis，RDA）。Monte Carlo 模拟置换检验（999 随机无限排列）用于检测环境变量间的统计显著性。为了显示变量之间的因果关系，利用软件 AMOS 22.0（宾夕法尼亚阿拉格尼学院，米德维尔，美国）对所有数据集构建基于 Mantel 检验的结构方程模型（Structural Equation Model，SEM）（Sheng et al.，2017）。

三、结果与分析

（一）环境参数变化规律

如表 2-1 所示，土壤营养元素含量（硝态氮、速效磷和有机碳）和酶活性（碱性磷酸酶和脱氢酶）随树龄增长呈现出增加的趋势。经过调查发现，在低树龄新疆杨根际土壤氮元素的主要形态为铵态氮，其含量约为硝态氮的两倍。随着新疆杨树龄的增长，尤其是对于 25 年和 30 年的植株，根际硝态氮和铵态氮的含量开始出现相似趋势。本研究的调查结果显示，碱性磷酸酶和脱氢酶活性在 25 年新疆杨根际土壤中达到峰值，说明随着时序变化根际微环境中的养分循环和有害物质去除能力开始加速。土壤电导率的变化范围为 283.32~665.62 S·m⁻¹，表

表 2-1 不同树龄新疆杨根际微环境参数

树龄	深度	电导率 (S·m⁻¹)	pH值	脲酶 (mg·g⁻¹·h⁻¹)	碱性磷酸酶 (mg·g⁻¹·h⁻¹)	过氧化氢酶 (mg·g⁻¹·h⁻¹)	蔗糖酶 (mg·g⁻¹·h⁻¹)	脱氢酶 (mg·g⁻¹·h⁻¹)	硝态氮 (g·kg⁻¹)	铵态氮 (g·kg⁻¹)	速效磷 (g·kg⁻¹)	速效钾 (g·kg⁻¹)	有机碳 (g·kg⁻¹)
5	L1	290.21±40.23	8.14±0.04	4.35±0.32	18.96±0.45	1.67±0.04	0.57±0.09	0.47±0.03	5.98±0.28	15.51±1.30	2.73±0.13	45.87±2.68	36.76±4.01
	L2	283.32±35.14	8.24±0.10	4.12±0.41	18.02±0.41	1.42±0.12	0.54±0.10	0.47±0.06	5.78±1.01	14.22±0.90	2.62±0.54	42.06±6.12	34.77±3.33
	L3	295.74±61.20	8.17±0.21	3.88±0.30	16.33±1.03	1.27±0.23	0.45±0.12	0.42±0.07	5.62±0.84	12.00±0.39	2.16±0.50	42.00±5.55	31.17±3.27
9	L1	619.24±35.58	8.15±0.00	4.25±0.39	21.23±0.62	1.59±0.04	0.62±0.04	0.58±0.04	7.86±0.03	13.28±1.28	5.79±0.34	41.65±3.08	53.33±3.30
	L2	598.88±57.11	8.22±0.24	4.01±0.22	18.74±1.23	1.51±0.06	0.59±0.06	0.57±0.06	7.23±0.12	12.36±0.88	5.38±0.64	40.11±4.66	51.88±3.00
	L3	597.33±24.42	8.16±0.06	4.01±0.19	15.95±1.07	1.49±0.10	0.55±0.07	0.51±0.09	7.10±0.22	10.63±0.67	5.14±0.62	37.89±6.02	47.69±8.41
15	L1	595.64±15.21	8.24±0.07	4.45±0.38	22.72±3.12	1.75±0.05	0.62±0.03	0.73±0.03	10.75±0.22	14.77±0.42	4.99±0.31	44.42±1.83	54.39±2.30
	L2	586.86±17.21	8.21±0.13	4.30±0.23	14.21±0.97	1.67±0.07	0.60±0.04	0.71±0.10	9.88±1.03	12.28±1.54	4.66±0.53	42.38±3.02	51.18±4.69
	L3	598.91±47.36	8.20±0.10	4.12±0.34	14.10±1.48	1.62±0.30	0.57±0.10	0.59±0.16	9.54±0.76	10.05±1.22	4.38±0.72	39.39±5.12	49.32±8.22

（续表）

树龄	深度	电导率 (S·m⁻¹)	pH值	脲酶 (mg·g⁻¹·h⁻¹)	碱性磷酸酶 (mg·g⁻¹·h⁻¹)	过氧化氢酶 (mg·g⁻¹·h⁻¹)	蔗糖酶 (mg·g⁻¹·h⁻¹)	脱氢酶 (mg·g⁻¹·h⁻¹)	硝态氮 (g·kg⁻¹)	铵态氮 (g·kg⁻¹)	速效磷 (g·kg⁻¹)	速效钾 (g·kg⁻¹)	有机碳 (g·kg⁻¹)
25	L1	583.37±21.12	8.17±0.10	4.36±0.32	31.86±0.92	1.61±0.04	0.62±0.04	0.79±0.03	17.76±1.08	18.95±5.77	6.58±0.33	45.89±2.68	71.55±5.39
	L2	627.74±10.01	8.12±0.12	4.21±0.31	28.57±2.87	1.54±0.06	0.58±0.35	0.72±0.13	17.65±1.08	18.44±1.23	6.47±0.70	42.21±0.98	67.67±3.21
	L3	664.21±51.11	8.17±0.20	4.10±0.33	28.00±3.61	1.49±0.12	0.42±0.20	0.65±0.14	15.23±1.60	16.39±1.93	6.01±0.20	42.00±5.44	63.30±2.07
30	L1	665.62±22.74	8.23±0.01	4.30±0.38	34.11±1.27	1.72±0.06	0.62±0.04	0.79±0.05	17.85±0.60	16.25±1.63	7.42±0.17	41.66±3.08	90.59±9.85
	L2	621.35±62.10	8.18±0.21	4.25±0.51	31.02±4.20	1.65±0.17	0.62±0.02	0.69±0.07	16.55±0.98	14.21±1.07	7.00±0.12	38.88±4.28	82.32±9.01
	L3	632.22±18.89	8.20±0.16	4.01±0.24	26.66±3.36	1.65±0.15	0.54±0.08	0.66±0.10	16.32±0.87	13.28±1.22	6.87±1.03	36.81±5.61	75.94±6.22
树龄对环境 参数的影响		NS	NS	NS	** (F=71.48; P≤0.01)	** (F=8.26; P≤0.01)	NS	** (F=57.50; P≤0.01)	** (F=36.52; P≤0.01)	NS	** (F=17.39; P≤0.01)	NS	** (F=17.19; P≤0.01)

注：数值为均值±标准差（$n=4$）；L1：5~20 cm；L2：20~35 cm；L3：35~50 cm；NS：树龄对环境参数的影响不显著 $P>0.05$；**：树龄对环境参数的影响极显著 $P\leqslant0.01$。

明该地区存在较为严重的盐胁迫现象。土壤 pH 值的变化范围为 8.14～8.24，表征该地区为盐碱土壤。经过树龄对环境参数影响的相关数据分析发现，土壤酶活性指标，包括碱性磷酸酶活性（F 值为 71.48 和 $P \leqslant 0.01$）、过氧化氢酶活性（F 值为 8.26 和 $P \leqslant 0.01$）和脱氢酶活性（F 值为 57.50 和 $P \leqslant 0.01$）受到树龄的显著影响；土壤养分指标，包括硝态氮含量（F 值为 36.52 和 $P \leqslant 0.01$）、速效磷含量（F 值为 17.39 和 $P \leqslant 0.01$）以及有机碳含量（F 值为 17.19 和 $P \leqslant 0.01$）受到树龄的显著影响。土壤酶活性和营养元素含量均随着土层深度的增加而呈现出逐渐降低的变化规律，这可能是由于表层土壤的通气性良好，肥力度较高，外加不同树龄新疆杨根系也能分泌不同数量的酶，更好地推动了土壤养分的转化循环过程；随着土层深度的增加，通气性降低、肥力度变少，外加不同树龄新疆杨根系的有氧呼吸减弱，最终导致上述结果的出现。因此，植物根际土壤营养元素的含量和酶活性的变化规律，既可以用来评判土壤肥力，也可以用来预测不同树龄新疆杨根际土壤中营养物质的转化情况和不同树龄新疆杨自身的代谢状况。

（二）微生物群落组成

根际测序结果，不同树龄新疆杨根际真菌和细菌群落结构具有差异性，且真菌群落的多样性要少于细菌群落的多样性。经测定发现不同树龄新疆杨根际微环境中检测到真菌隶属于 4 门 13 纲 44 目 78 科 153 属。检测到的真菌 4 个门分别为子囊菌门、担子菌门、壶菌门和接合菌门。其中，子囊菌门丰富度最高，所占比例大于 40%。在所有树龄的新疆杨根际微环境中，假裸囊菌属丰富度最高，其次分别为镰刀菌属、丝膜菌属和芽枝霉属（表 2-2）。相关数据分析结果表明，子囊菌门和担子菌门真菌比例的最高值出现在 25 年树龄新疆杨根际，研究者认为子囊菌门和担子菌门真菌更偏好于大树龄新疆杨树种；接合菌门和壶菌门真菌比例的最高值出现在 4 年树龄新疆杨根际，研究者认为接合菌门和壶菌门真菌更偏好于小树龄新疆杨树种。在不同树龄新疆杨根际微环境中检测到细菌隶属于 14 门 23 纲 52 目 81 科 217 属。检测到的细菌 14 个门分别为放线菌门细菌、变形菌门、拟杆菌门、芽单胞菌门、绿菌门、浮霉菌门、黏胶球形菌门、酸杆菌门、装甲菌门、绿弯菌门、硝化螺旋菌门、疣微菌门和栖热菌门。相关数据分析结果表明，芽单胞菌门、疣微菌门和绿弯菌门细菌比例的最高值出现在 4 年树龄新疆杨根际，放线菌门和厚壁菌门细菌比例的最高值出现在 9 年树龄新疆杨根际，研究者认为芽单胞菌门、疣微菌门、绿弯菌门、放线菌门和厚壁菌门细菌更偏好于小树龄树种。变形菌门和绿菌门细菌比例的最高值出现在 15 年树龄新疆杨根际，研究者认为变形菌门和绿菌门细菌更偏好于中树龄树种。拟杆菌门、黏胶球形菌门和硝化螺旋菌门细菌的比例最高值出现在 25 年树龄新疆杨根际，浮霉菌门、酸杆菌门和装甲菌门的细菌比例最高值出现在 32 年树龄新疆杨根际，研究者认为拟杆菌门、黏胶球形菌门、硝化螺旋菌门、浮霉菌门、酸杆菌门和装甲菌门细菌更偏好于大树龄新疆杨树种。栖热菌门细菌比例在不同树龄新疆杨根际并没有显著差异，可见栖热菌门细菌对于新疆杨树种的树龄并无严格要求。在所有树龄的新疆杨根际微环境中，放线菌门和变形菌门细菌的比例最高，所占比例均大于 20%（表 2-3）。

表 2-2 优势真菌基因操作分类单元丰富度分布

| 门 | 属 | 操作分类单元的全部数量 | 操作分类单元样本数量/操作分类单元全部数量（%） | | | | | 方差分析 |
			4 年	9 年	15 年	25 年	30 年	显著性
子囊菌门	假裸囊菌属	4 118	14.18	16.45	19.08	24.68	25.61	**
	镰刀菌属	3 688	14.67	20.09	17.07	26.24	21.93	**
	芽枝霉属	2 940	15.45	17.71	21.09	25.21	20.54	**
	链格孢属	2 870	14.39	18.32	22.79	15.57	28.92	**
	茎点霉属	2 501	18.43	16.51	21.03	26.15	17.87	**
	青霉菌属	1 742	17.97	16.07	21.33	23.71	20.96	*
担子菌门	丝膜菌属	3 091	15.23	16.92	20.80	23.16	23.87	*
	隐球菌属	1 951	13.69	19.73	23.88	15.84	26.86	**
	木拉克属	1 409	15.18	22.28	15.97	24.56	22.01	*
	双子担属	1 033	14.69	16.29	21.26	20.23	27.52	**

注：** 表示差异极显著；* 表示差异显著。

表 2-3　优势细菌基因操作分类单元丰富度分布

门	属	操作分类单元的全部数量	操作分类单元样本数量/操作分类单元全部数量（%）					方差分析
			4 年	9 年	15 年	25 年	30 年	显著性
变形菌门	克尔曼氏属	3 141	17.96	19.33	16.63	24.34	21.74	*
	凯式杆菌属	2 747	15.18	20.06	20.64	24.21	19.91	*
	地杆菌属	2 469	17.58	16.89	20.69	20.86	23.97	NS
	短根瘤菌属	2 124	14.98	15.35	19.35	24.76	25.57	**
	嗜盐单胞菌属	1 112	16.01	11.33	23.47	19.96	29.23	**
	假单胞菌属	1 031	17.27	21.93	15.62	21.53	23.67	NS
放线菌门	小双孢菌属	1 124	24.73	20.10	14.33	19.13	21.71	*
	链霉菌属	1 012	16.08	21.25	24.21	17.59	20.95	*
	分枝杆菌属	1 004	15.14	17.43	20.82	22.61	24.00	*
拟杆菌门	黄杆菌属	1 037	17.84	20.35	15.62	21.99	24.20	*
	塞得曼属	1 021	15.87	15.28	22.62	21.65	24.58	*

注：** 表示差异极显著；* 表示差异显著；NS 表示差异不显著。

在真菌和细菌微生物群落多样性的检测中，基因操作分类单元的丰富度并未随着树龄的变化而变化。而根据操作分类单元图谱，香农指数和辛普森指数用于评估微生物群落结构多样性。通过对数据的分析发现，和细菌群落的多样性指数相比，真菌群落多样性的变化显著。真菌群落香农指数的拟合水平 R^2 为 0.89 和关系显著性 P 值为 0.018；均匀度指数 R^2 为 0.89 和 P 值为 0.021；丰富度指数 R^2 为 0.88 和 P 值为 0.017；辛普森指数 R^2 为 0.80 和 P 值为 0.012。随着树龄的增加，真菌群落的多样性最高值出现在 25 年新疆杨根际微环境中，最低值出现在 5 年新疆杨和 9 年新疆杨根际微环境中。与香农指数的变化相比，真菌群落的均匀度和丰富度指数呈现出相似但是较弱的变化趋势。非度量多维尺度分析结果显示不同树龄新疆杨根际微生物群落具有一定相似性，说明该地区不同树龄新疆杨根际微生物群落具有明显的聚类性。同时，偏低树龄 4 年、9 年和 15 年新疆杨根际微生物群落多样性相近，偏高树龄 25 年和 30 年新疆杨根际微生物群落多样性相近。

(三) 根际微生物群落特性与环境参数的冗余分析

利用冗余分析揭示不同树龄新疆杨根际土壤微生物群落特性和土壤因子间的关系。冗余分析结果显示真菌群落变异超过 44.57%，冗余分析 1 占方差 27.24%，冗余分析 2 占方差 17.33%。如图 2-1 所示，真菌群落特性与绝大多数环境参数呈现正相关效应，而与土壤 pH 值和电导率呈现负相关效应。环境因子的正向选择表明速效磷（P 值为 0.044，F 值为 1.321）和硝态氮（P 值为 0.030，F 值为 1.472）是影响真菌群落结构的最主要因素。冗余分析结果显示细菌群落变异超过 55.63%，冗余分析 1 占方差 32.17%，冗余分析 2 占方差 23.46%。如图 2-2 所示，细菌群落特性与绝大多数环境参数呈现正相关效应，而与土壤电导率呈现负相关效应。环境因子的正向选择表明速效磷（P 值为

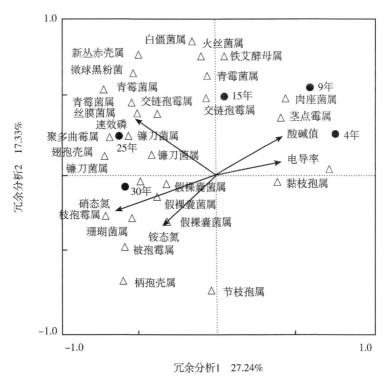

图 2-1　不同树龄新疆杨根际环境参数与真菌群落的冗余分析

0.030，*F* 值为 1.383）是影响细菌群落结构的最主要因素。

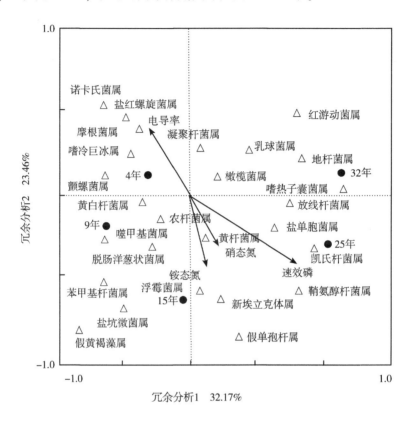

图 2-2　不同树龄新疆杨根际环境参数与细菌群落的冗余分析

（四）树龄对根际微环境参数和微生物群落特性的影响

利用 Pearson 法分析根际微环境参数和微生物群落特性间的相关性，结果发现二者间存在较为复杂的关系（图 2-3）。树龄与碱性磷酸酶活性、脱氢酶活性、硝态氮含量、有机碳含量、真菌操作分类单元丰富度、细菌辛普森指数、细菌香农指数呈现显著正相关关系，与细菌操作分类单元丰富度、细菌均匀度、真菌辛普森指数呈现显著负相关关系。微生物辛普森指数与土壤性质呈现显著相关关系。细菌辛普森指数与碱性磷酸酶活性、脱氢酶活性、硝态氮含量、铵态氮含量、有机碳含量、真菌操作分类单元丰富度、真菌香农指数、细菌香农指数和真菌均匀度呈现显著正相关关系，与细菌操作分类单元丰富度、细菌均匀度、真菌辛普森指数呈现显著负相关关系。真菌辛普森指数与碱性磷酸酶活性、脱氢酶活性、硝态氮含量、铵态氮含量、有机碳含量、真菌操作分类单元丰富度和细菌辛普森指数呈现显著负相关关系。

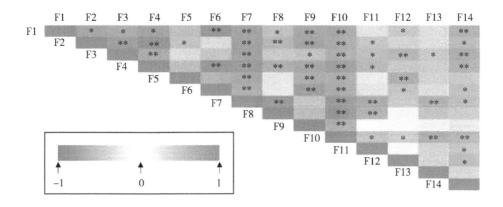

图 2-3 不同树龄新疆杨根际环境参数与微生物特性间的相关性分析

注：F1～14 分别代表树龄（F1）、碱性磷酸酶活性（F2）、脱氢酶活性（F3）、硝态氮含量（F4）、速效磷含量（F5）、有机碳含量（F6）、真菌丰富度（F7）、细菌丰富度（F8）、真菌辛普森指数（F9）、细菌辛普森指数（F10）、真菌香农指数（F11）、细菌香农指数（F12）、真菌均匀度（F13）、细菌均匀度（F14）；** 表示差异极显著 $P \leqslant 0.01$；* 表示差异显著 $0.01 < P \leqslant 0.05$。

结构方程模型关系结果（图 2-4）表明：随着树龄的增加，新疆杨根际速效磷、硝态氮和有机碳含量增加；速效磷含量的增加显著提高了真菌群落操作分类单元丰富度和辛普森指数；根际土壤硝态氮含量与细菌群落操作分类单元丰富度呈现显著负相关关系，与真菌群落操作分类单元丰富度和细菌群落辛普森指数呈现显著正相关关系；根际土壤有机碳含量与细菌操作分类单元丰富度呈现显著正相关关系，与真菌群落辛普森指数呈现显著负相关关系；根际土壤碱性磷酸酶活性和脱氢酶活性的变化依赖于真菌群落操作分类单元的丰富度和微生物群落的辛普森指数变化。

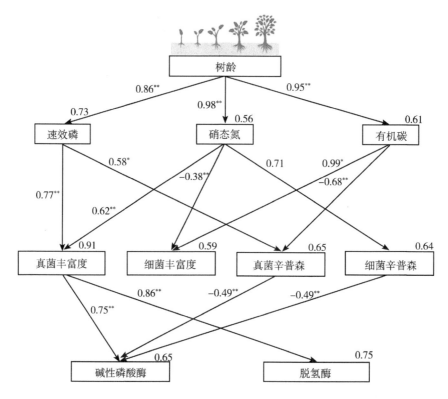

图 2-4 基于 Mantel 统计的不同树龄新疆杨根际微环境参数和

微生物特性间的结构方程模型关系

注：因子右上角的数字代表平方以后的多相关系数；各因子间连线上的数值表示标准回归权重（ ** 表示在 0.01 水平下显著，$P \leqslant 0.01$；* 表示在 0.05 水平下显著，$P \leqslant 0.05$）。

四、讨论

（一）树龄对新疆杨根际微环境的影响

微生物的分布在某种程度上是对土壤渗透性的反应，和深层土壤相比，表层土壤的营养元素浓度和酶活性较高，因此表层土壤微生物的代谢迅速。由于降雨量少和蒸发量大，采样地点受到了较为严重的盐渍化胁迫，加之淋溶效应的存在，导致土壤养分从表层到深层土壤逐渐降低，这与本章的研究结构一致。在本研究中，随着土壤深度的增加，检测到的土壤营养元素含量和酶活性从表层到深层土壤呈现出逐渐降低趋势，表现出了表面聚集效应，这可能是由于表层土壤的肥力活性高、通风性良好以及掉落物多，最终导致表层土壤的微生物含量和多样性较高。此外，大多数土壤微生物属于好氧微生物，其分解代谢过程需要消耗大量氧气，深层土壤的氧气含量不足以满足微生物需求，这也是该研究中选取表层土壤进行微生物群落多样性测定的原因。

植株根际微环境中的硝态氮、铵态氮、速效钾和速效磷的存在对于植物生长而言都是必需的营养物质，在植株的不同生命阶段发挥着不同的作用。新疆杨根系发达，能够高效率地从根际微环境中吸取养分以供新疆杨进行正常的生命活动。在本研究中，硝态氮含量、速效钾含量和有机碳含量随着树龄的增加呈现显著变化，在 25 年和 30 年植株根际微环境中达到峰值。Sheng 等（2017）发现植株根际微环境中营养元素的含量随着树龄变化呈现显著变化。研究者认为较高树龄植株根际微环境中营养元素含量的增加可能是由于大量落叶产生的缘故。该研究中根际微环境参数与树龄的变化结果与前期诸多研究结果一致。根据 Rodríguez-Soalleiro 等（2018）的报道，短轮伐期的方式比较适合杨树，因为杨树在较低树龄时吸收能力较强，植株体内的营养元素富集多，累积的生物量较大。随着树龄的增长，根际微环境中的土壤营养元素含量增长缓慢，新疆杨在较低树龄时增长较快，随着树龄的增加，其生长速率逐渐降低，最终导致根际微环境中营养元素含量呈现出上述变化规律。

土壤酶活性的变化与微生物活性高度相关，来源于土壤微生物的酶系涉及一系列土壤营养元素的转化，对于生态系统功能的维持具有重要作用。脲酶、蔗糖酶和碱性磷酸酶是和土壤养分循环相关的酶类，而脱氢酶和过氧化氢酶则是与土壤耐受性相关的酶类。土壤酶活性是会随着时序发展而增加的，该研究结果表明土壤碱性磷酸酶和脱氢酶活性随着树龄的增加而升高。研究者认为连续输入的大量肥料向土壤微环境中引入了大量的碳源，从而为土壤微生物的生长、发育和繁殖提供了适宜的养分，导致了土壤酶活性的升高。Wu 等（2019）发现土壤酶活性会随着微生物群落的变化而变化，认为土壤酶活性的变化是由环境因素和宿主植物自身变化引起的。随着树龄的增长，新疆杨根际的土壤酶活性变化效果明显，研究者认为微环境参数的贡献率在一定程度上也可以表征森林退化和林木活力的降低程度。

Yamada 等（2013）认为土壤养分在人工林中的循环过程既包括在同一树种和同一树龄植株间的循环，也包括了在不同树种和不同树龄间的循环。其中，在不同树种和不同树龄间的循环机制要远远复杂于同一树种和树龄间的循环机制。因此，一旦引入新的植物物种，就会破坏原有的土壤微环境，经历数年再次达到新的稳定状态。在该研究中，土壤酶活性和营养元素含量在较高树龄根际微环境中达到峰值，这也可能是由于较高树龄微生物群落多样性较高所致。

（二）微生物群落和微环境参数间的关系

生物因素和非生物因素均会对根际微环境中的微生物群落多样性产生影响。Birhane 等（2021）发现土壤类型和气候因素能够显著影响土壤微生物群落的组成。新疆杨在防止土壤退化过程中扮演了重要角色，种植新疆杨能通过改变该地区生态系统中的植物群落结构从而增加植物群落的异质性。经过调查，研究者发现新疆杨根际的微生物种类较为丰富，且不同树龄新疆杨根际微生物群落多样性具有呈现出一定的差异性。宿主植物在根际微生物群落的选择中发挥了主导效应，根据微环境条件和宿主植物的特点会优先选择相关微生物类群。Wu 等（2019）指出在盐渍化生态系统中，宿主植物的特性对于微生物群落的影响要远超于生境因素。新疆杨可能也对相关微生物施加了选择性压力，导致和特定的微生物种群优先关联，这种现象是一个长期的过程。土著植被的种植有助于维持自身生态系统中微生物和植物的相互作用，随着时间推移，根际微生物的种群规模会日渐扩大（Wu et al.，2021b）。研究者发现该地区新疆杨根际也产生了特征性的优势微生物群落，且根际真菌群落的多样性和丰富度随着树龄的变化而变化，在 25 年新疆杨根际达到峰值，表明 25 年生的新疆杨根际土壤微环境更适合微生物的生存。

　　前期诸多研究表明盐胁迫和养分速效性显著影响着微生物群落结构。气候、土壤条件以及植物种类都是微生物群落结构的有效预测因子（Birhane et al., 2021）。此外，在某些特殊情况下，根际微生物群落也有可能受到树龄的影响。不同树龄的植株根际微环境存在一定差异，微环境中不同程度的 pH 值、透气性以及理化性质会导致不同微生物群落的形成（陈雪冬，2018），这与本研究的结果一致。通过调查研究者发现真菌群落的均匀度和丰富度等多样性指数与土壤营养元素和酶活性的变化趋势类似。结构方程模型关系显示树龄与速效磷含量、硝态氮含量和有机碳含量呈现正相关关系，而微生物操作分类单元丰富度和辛普森指数等多样性指数则与速效磷、硝态氮以及有机碳含量间存在复杂的相关性。非度量多维尺度分析表明新疆杨根际微生物群落结构随着时序发生了显著变化，4 年、9 年和 15 年树龄新疆杨根际微生物群落结构组成类似。随着树龄的增加，速效钾、硝态氮和铵态氮含量呈现出先增加后保持稳定的变化趋势。因此，研究者认为根际微环境中土壤理化性质随时序的变化是不同树龄新疆杨根际微生物群落结构发生变化的原因。其中，速效磷和氮元素的积累引起土壤营养循环和酶活性随着时序发生变化，是驱动真菌群落结构变化的重要环境因素。可见非度量多维尺度分析和结构方程模型关系得出的结论一致。通过非度量尺度分析还可以看出不同树龄新疆杨根际真菌群落在门分类高度相似，但在属分类上差异较大，因此认为微生物操作分类单元丰富度和多样性由土壤性质介导。通过相关性分析结果和结构方程模型关系，揭示出速效磷和真菌操作分类单元丰富度和辛普森指数呈现显著正相关关系，这可能是由于枯落物引起的土壤速效磷积累最终刺激了真菌的分配（陈雪冬，2018）。

　　不同树龄根际微生物群落的变化由根际微环境中不同的土壤营养元素含量和酶活性引起。部分学者认为植物生理需求随季节的变化会诱发根际微生物群落组成也发生季节性变化（陈雪冬，2018）。因此，本研究中不同树龄新疆杨根际微生物群落也有可能存在上述问题。研究者只进行了一次采样，后续还可以进一步研究不同季节不同树龄新疆杨根际微生物群落的变化情况。

五、小结

本研究发现，土壤营养元素含量和酶活性随着土层深度的增加而降低。土壤酶活性（碱性磷酸酶和脱氢酶）和土壤营养元素含量（硝态氮、速效磷和有机碳）随着树龄的增加而逐渐增加。高通量测序结果显示新疆杨根际真菌和细菌群落的多样性随着树龄的变化而变化，真菌群落的多样性要小于细菌群落。随着树龄的增加，真菌群落多样性指数呈现出先增加后降低的变化趋势，在 25 年或 30 年树龄新疆杨根际微环境中达到峰值。冗余分析结果表明土壤速效磷和硝态氮含量是驱动真菌群落结构变化的重要环境因素，速效磷含量则是驱动细菌群落结构变化的重要环境因素。结构方程模型结果显示土壤速效磷、硝态氮和有机碳含量可以在很大程度上解释新疆杨根际微生物群落结构随时序变化和土壤酶活性随微生物群落变化的规律。该研究结果表明新疆杨人工林微生物群落的演替变化在很大程度上归因于土壤养分水平沿时序的变化。

第二节　新型分子技术研究盐渍化生境中的丛枝菌根真菌群落特征

全世界每年约有 2% 的肥沃土壤以及 20% 的灌溉土壤会受到土壤盐渍化的影响（Seleiman and Kheir, 2018）。茶卡盐湖位于青海省东部，是我国四大著名的天然结晶盐湖之一。由于其独特的地理和气候条件，如降水量少、蒸发量大以及光照强等特点，导致该地区盐渍化程度较高（Wu et al., 2019）。此外，土壤有机质不断分解，地下水位不断上升，加剧了土壤盐渍化，使得盐渍化土壤的面积不断扩大。作为该地区广泛分布的雌雄异株植物，青杨具有易于繁殖、生长速度快和材质优良等特点，广泛分布于青海省各地区，是当地的重要经济和生态树种，对于该地区生态系统的恢复非常重要（吴娜，2018）。

Yamamoto 等（2014）认为由于生殖分化驱动的资源需求会造成性别特定的资源需求，因此雌雄异株植物在维持陆地生态系统稳定性方面具有重要作用。雌雄异株植物对逆境生境的不同耐受能力最终可导致性别失衡。由于特定的生活史特征和对自然栖息地的适应，雄株在自然种群中占主导地位（Munné-Bosch，2015），这与研究者在茶卡盐湖的调查结果相一致（Wu et al.，2019）。性别效应可能会引起根际微生物群落结构的调整。

土壤微生物被认为是调节盐渍化生态系统生态过程的关键因素（Wu et al.，2021a）。作为土壤微生物的关键功能群，丛枝菌根真菌能与大多数陆地植物物种形成共生体（Smith and Read，2010）。许多研究发现，丛枝菌根真菌可以增强宿主植物对盐胁迫的耐受能力（Wu et al.，2016；Chen et al.，2017），且丛枝菌根共生体系对植物的有益效应取决于丛枝菌根真菌群落的组成。因此，了解盐渍化生态系统中丛枝菌根真菌群落结构的多样性至关重要。诸多研究证实丛枝菌根真菌广泛存在于盐渍化生态系统中，如盐渍化土壤、盐沼和沿海地区（Krishna-moorthy et al.，2014；Sheng et al.，2019；Guan et al.，2020）。然而，盐湖地区的丛枝菌根真菌多样性仍有待研究，这将有助于更好地了解丛枝菌根真菌在该种生境下的性质和作用。

高通量测序技术，又称大规模平行测序技术，为新型的分子生物学技术。该技术主要是将 DNA 或者 cDNA 随机片段化和加接头后，制备成为测序文库，通过对文库中上万个克隆的延伸反应，检测到对应信号，从而获得序列信息，是目前组学研究领域的主要技术（Wu et al.，2019）。传统技术在处理大规模样品时较慢，而高通量测序技术在该方面有显著优势，可以较为快速和精确地分析出大量样品中的丛枝菌根真菌群落组成，使得全球尺度上丛枝菌根真菌群落多样性和生物地理学间的研究成为可能。

迄今为止，已有学者研究接种丛枝菌根真菌对雌雄异株植物青杨抗逆性的影响和盐渍化生态系统中雌雄异株植物根际微生物群落结构差异（Li et al.，2015；Wu et al.，2016；Wu et al.，2019）。然而，有关雌雄异株植物根际丛枝菌根真菌群落结构差异的研究尚且空白。本研究中，研究者利用高通量测序技术对不同盐渍化程度样地青杨根际丛枝菌根真菌群落进行了调查。目的在于：①调查雌雄异株植物青杨根际丛枝菌根真菌的多样性和群落结构组成；②探索盐渍化生态系统中丛枝菌根真菌与土壤性质（盐胁迫和营养成分）间的可能关系。

一、样地概况和样品采集

（一）样地概况

采样地位于中国青海省海西蒙古族藏族自治州乌兰县茶卡镇。茶卡盐湖是我国著名的天然结晶盐湖，独特的气候条件导致该地区土壤盐渍化严重。通过前期多个样地土壤的采样和筛选，本试验选取了非盐渍化样地、轻度盐渍化样地、中度盐渍化样地和重度盐渍化样地进行进一步的研究（Wu et al.，2019）。茶卡盐湖试验样地基本概况如表 2-4 所示。

表 2-4 茶卡盐湖试验样地基本概况

样地	经度	纬度	海拔（m）	电导率（S·m^{-1}）
非盐渍化样地	99°04′28″E	36°47′28″N	3 108	200～300
轻度盐渍化样地	99°01′08″E	36°43′52″N	3 063	400～500
中度盐渍化样地	99°04′19″E	36°46′25″N	3 088	700～800
重度盐渍化样地	99°07′44″E	36°45′22″N	3 097	＞2 000

（二）样品采集

试验样地位于远离人类活动的大片林地。在每个所选样地分别设置 3 个 20 m×20 m 的样方，采用 5 点取样法在单个样方内随机选取 5 对 20 年生的青杨雌株和雄株（不同性别植株间距 5 m 左右）。在距离树干 0～30 cm 范围内，沿植株东南西北 4 个方向在 5～15 cm 土层的土壤中采集带有细根的根系，轻轻抖落附在根上的土壤，作为根际土样。将同一植株不同方向的样品均匀混合后，再将同一样方、同性别植株的样品均匀混合作为该样方的代表性样品。将代表性样品收集在无菌塑封袋置于冰上运输至实验室。根际土壤用于土壤化学性质、丛枝菌根真菌孢子密度和丛枝菌根真菌群落多样性的测定；根系置于酒精醋酸福尔马林混合固定液保存于 4 ℃冰箱，用于丛枝菌根真菌定殖率测定。

二、丛枝菌根真菌定殖率、孢子密度和土壤化学性质的测定

青杨细根经染色后剪成 1 cm 根段，平行放置于载玻片横轴上镜检，丛枝菌根真菌定殖率的测定采用放大交叉法（Phillips and Hayman，1970）。丛枝菌根真菌孢子密度的测定使用湿筛倾析法（Gerdemann and Nicolson，1963）。孢子分离后在体视显微镜下计数，统计孢子密度。冷冻土壤用 2 mol·L^{-1}氯化钾溶解，土壤与萃取剂比率为 1∶10，之后用连续流动分析仪（布朗卢比公司，汉堡，德国）测定土壤样品中硝态氮和铵态氮含量。用元素分析仪（布朗卢比公司，汉堡，德国）测定全碳（TC）含量。用导电法（土壤与水的比率为 1∶5）测定土壤 pH 值和电导率（EC）。用碳酸氢钠提取土壤后测定速效磷（AP）含量。用原子吸收分光光度法（AA6800 型，岛津公司，东京，日本）测定土壤中速效钾（AK）含量。

三、根际丛枝菌根真菌群落全基因组测序

（一）DNA 提取和聚合酶链式反应扩增

使用 E. Z. N. A. 土壤 DNA 提取试剂盒（欧米伽生物科技有限公司，圣安东尼奥，美国），按照说明步骤提取青杨根际土壤 DNA；采用紫外分光光度计检测土壤 DNA 浓度及纯度；采用 1%琼脂糖凝胶和 DuRed 染色分析聚合酶链式反应产物的产率和引物特异性。微生物群落的多样性测定采用高通量测序技术进行。

1. 引物

第一轮 18S rRNA 基因的扩增引物如下（Lee et al.，2008；Alguacil et al.，2008）：

NS1（5′-GTAGTCATATGCTTGTCTC-3′）

NS4（5′-CTTCCGTCAATTCCTTTAAG-3′）；

第二轮 18S rRNA 基因的扩增引物如下（Sato et al.，2005；Lin et al.，2012）：

AMV4.5NF（5′-AAGCTCGTAGTTGAATTTCG-3′）

AMDGR（5'-CCCAACTATCCCTATTAATCAT-3'）

2. 扩增体系与程序

使用 S1000™ Thermal cycler（伯乐公司，赫拉克勒斯，美国）进行聚合酶链式反应扩增。第一轮扩增体系包括 1 μL 模板，1 μL 上游引物（10 μmol·L^{-1}），1 μL 下游引物（10 μmol·L^{-1}），10 μL SuperMix（全式金生物技术股份有限公司，北京，中国），以及 7 μL 无核酸酶水共 20 μL 体系。扩增程序为：94 ℃ 3 min，30 次循环（94 ℃ 30 s，50 ℃ 30 s，72 ℃ 1 min），最后 72 ℃ 10 min。第二轮以第一轮产物稀释 100 倍作为模板，扩增体系包括 1 μL 模板，1 μL 上游引物（6 μmol·L^{-1}），1 μL 下游引物（6 μmol·L^{-1}），10 μL SuperMix（全式金生物技术股份有限公司，北京，中国），以及 7 μL 无核酸酶水共 20 μL 体系。扩增程序为：98 ℃ 1 min，30 次循环（96 ℃ 20 s，55 ℃ 30 s，72 ℃ 30 s），最后 72 ℃ 7 min。使用空白样品做对照，利用 1% 琼脂糖凝胶和 DL2000 DNA marker（宝日医生物技术有限公司，北京，中国）存在下的 Du Red 染色分析聚合酶链式反应产物的产率和引物特异性。将合格样品送至专业机构（派森诺生物科技股份有限公司，上海，中国）。

（二）数据处理与分析

利用 TruSeq DNA 聚合酶链式反应-Free 文库构建试剂盒（因美纳生物科技公司，圣地亚哥，美国）文库构建，在 Illumina HiSeq 250 平台测序，读取末端 250 bp 碱基配对。微生物生态学定量分析（QIIME）通道处理 18S 分子数据。在去除模糊核苷酸序列，去除质量分数低于 30 bp 和长度低于 200 bp 的序列后进一步进行分析。使用 Uparse 软件（Uparse v7. 0. 1001，http：//drive5. com/uparse/）对序列进行分析剪末端读取（Edgar，2013）。序列相似性大于 97% 的分配至同一个操作分类单元。对于有代表性的序列，利用 RDP 网站提供的 16S rRNA 数据物种分类工具的计算程序在 Greengenes 数据库注释分类信息。操作分类单元丰富度需要进行标准化处理，群落多样性基于球囊菌门得到的序列和操作分类单元进行分析。

使用 IBM SPSS 20. 0 进行数据分析，所有得到的数据为 3 个重复测量得到的平均值和标准差，在5%水平测试显著性。丛枝菌根真菌群落多样性指数主要包括可观测物种指数、朝一指数、香农指数、辛普森指数和覆盖率。所有指标使用QIIME（版本1.7.0）计算和R软件呈现（版本2.15.3）（http：//www.r-project.org）（Caporaso et al.，2010）。运用R软件生物多样性包中的nes-ted.npmanova（）函数分析样地和性别对丛枝菌根真菌群落结构的影响。通过Bray-Curtis算法将丛枝菌根真菌数据转换后，使用非线性多维标度分析（Non-metric Multidimensional Scaling，NMDS）进一步确定不同样地和性别间丛枝菌根真菌群落间的差异性（Bray and Curtis，1957）。为了评估丛枝菌根真菌群落结构与环境参数间的相关性，利用CANOCO 4.5软件进行冗余分析（Redundancy analysis，RDA）。Monte Carlo模拟置换检验（999随机无限排列）用于检测环境变量间的统计显著性。

四、结果与分析

（一）丛枝菌根真菌定殖率、孢子密度以及土壤化学性质

根据电导率的测定结果，发现盐分含量从非盐渍化样地、轻度盐渍化样地、中度盐渍化样地至重度盐渍化样地显著增加，最高电导率值约为最低电导率值的10倍（表2-5）。如表2-5所示，丛枝菌根真菌定殖率和孢子密度随着样地盐渍化程度的增加呈现降低的变化趋势，研究者认为盐渍化显著抑制了丛枝菌根真菌的定殖、菌丝生长和孢子萌发。但是在轻度盐渍化样地雄株根际丛枝菌根真菌的定殖率显著高于其他样地，可见适当盐离子浓度的刺激有利于丛枝菌根真菌的定殖。雄株根际丛枝菌根真菌定殖率和孢子密度要高于雌株根际，研究者认为这与雌株和雄株自身的生长状况有关。逆境生境下，雄株的长势优于雌株，丛枝菌根真菌-雄株共生体系的耐盐性自然也优于丛枝菌根真菌-雌株共生体系的耐盐性，最终使得雄株根际土壤中丛枝菌根真菌的孢子萌发优于雌株。如表2-5所示，茶卡盐湖地区土壤pH值大于7，说明该地区的土壤为碱性状态。全碳在不同样地和不同性别间呈现稳定状态，而硝态氮、铵态氮、速效磷和速效钾含量在样地间呈现显著差异（表2-6）。

表 2-5 青杨丛枝菌根真菌定殖率、孢子密度、电导率和 pH 值在不同样地和不同性别间的变化

性别	样地	丛枝菌根真菌定殖率（%）	孢子密度（10 个·g^{-1}）	电导率（S·m^{-1}）	pH 值
雄株	非盐渍化样地	78.79±6.20b	131.32±10.05a	388.67±10.12g	8.06±0.05b
	轻度盐渍化样地	80.23±8.72 a	43.94±3.24c	527.12±18.72e	8.35±0.03b
	中度盐渍化样地	56.27±3.20d	38.02±2.11d	797.33±14.83d	8.43±0.05b
	重度盐渍化样地	45.43±3.11e	29.73±4.11e	2916.67±17.19a	8.26±0.03b
雌株	非盐渍化样地	82.97±5.73a	107.27±8.99a	254.67±12.33h	8.38±0.04b
	轻度盐渍化样地	69.91±4.23c	38.23±1.87d	480.97±11.36f	7.08±0.13c
	中度盐渍化样地	42.43±5.06e	36.23±3.65d	820.45±21.65c	8.06±0.05a
	重度盐渍化样地	42.61±4.12e	12.13±3.03f	2458.67±24.73b	9.42±0.09a
	$P_{样地}$	**	**	**	*
	$P_{性别}$	*	**	**	NS
	$P_{样地×性别}$	NS	**	*	**

注：**：差异极显著 $P \leq 0.01$；*：差异显著 $0.01 < P \leq 0.05$；NS：差异不显著 $P > 0.05$。每列中不同字母代表不同处理间差异显著（$P \leq 0.05$），数值为均值±标准差（$n = 6$）。

表 2-6 青杨根际土壤养分含量在不同样地和不同性别间的变化

单位：g·kg^{-1}

性别	样地	速效磷	速效钾	硝态氮	铵态氮	全碳
雄株	非盐渍化样地	0.31±0.01a	481.96±18.05b	5.65±0.20c	17.71±0.11a	82.79±4.11b
	轻度盐渍化样地	0.27±0.02b	319.14±13.54e	6.14±0.17b	15.09±0.20b	91.11±4.61a
	中度盐渍化样地	0.23±0.03c	478.31±14.22c	3.25±0.34d	9.04±0.17c	81.73±4.02b
	重度盐渍化样地	0.21±0.03c	115.67±11.21f	2.24±0.05e	7.07±0.12d	81.79±4.88b
雌株	非盐渍化样地	0.33±0.02a	530.37±12.08a	6.83±0.15a	18.17±0.21a	78.11±6.11b
	轻度盐渍化样地	0.29±0.01b	425.20±12.57d	6.25±0.14b	16.41±0.25b	93.02±6.34a
	中度盐渍化样地	0.26±0.02b	529.46±15.20a	5.33±0.22c	9.10±0.23c	74.65±5.87b
	重度盐渍化样地	0.24±0.00c	113.75±13.09f	2.57±0.08e	8.59±0.33cd	89.24±5.22a
	$P_{样地}$	**	**	**	**	NS
	$P_{性别}$	**	*	**	NS	NS
	$P_{样地×性别}$	**	**	**	**	NS

注：**：差异极显著 $P \leq 0.01$；*：差异显著 $0.01 < P \leq 0.05$；NS：差异不显著 $P > 0.05$。每列中不同字母代表不同处理间差异显著（$P \leq 0.05$），数值为均值±标准差（$n = 6$）。

（二）根际丛枝菌根真菌群落组成与分布

1. 根际丛枝菌根真菌群落组成

如图 2-5 所示，4 个样地青杨根际土壤中，检测到丛枝菌根真菌共 6 个属，分别为：根生囊霉属（*Rhizophagus*）、球囊霉属（*Glomus*）、类球囊霉属（*Para-*

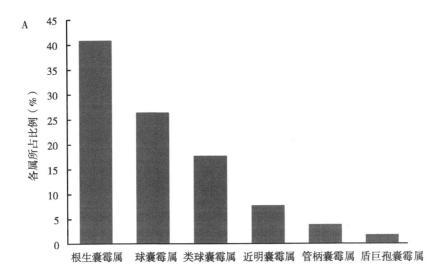

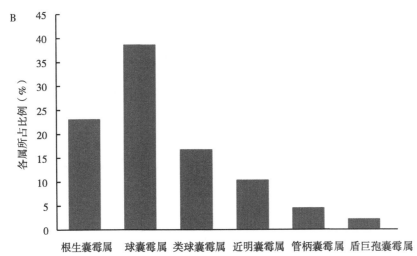

图 2-5　青杨雄株（A）和雌株（B）根际丛枝菌根真菌群落组成

glomus)、近明囊霉属（Claroideoglomus）、管柄囊霉属（Funneliformis）和盾巨孢囊霉属（Scutellospora）。雄株根际各属的比例依次为 40.77%、26.22%、17.45%、7.42%、3.55% 和 1.48%；雌株根际各属的比例依次为 22.91%、38.53%、16.55%、10.11%、4.27% 和 1.93%。其中，在青杨雄株根际丰富度较高的 3 个属为根生囊霉属、球囊霉属和类球囊霉属（根生囊霉属丰富度最高），在雌株根际丰富度较高的 3 个属为球囊霉属、类球囊霉属和根生囊霉属（球囊霉属丰富度最高）。由图 2-6 可知，从非盐渍化样地至重度盐渍化样地，根生囊霉属、球囊霉属和类球囊霉属的相对丰度均呈现出先增加后降低的变化趋势。其中，根生囊霉属和类球囊霉属在轻度盐渍化样地中相对丰度最高，球囊霉属在中度盐渍化样地中相对丰度最高。

4 个样地青杨根际土壤鉴定为球囊菌门的丛枝菌根真菌序列被划分为 67 个操作分类单元，其中 61 个操作分类单元鉴定到了属的水平，分别为根生囊霉属 21 个、球囊霉属 18 个、类球囊霉属 12 个、近明囊霉属 7 个、管柄囊霉属 2 个和盾巨孢囊霉属 1 个。29 个被鉴定到形态种，包括异形根孢囊霉 9 个、缩球囊霉 7 个、隐类球囊霉 6 个、幼套近明球囊霉 4 个、摩西管柄囊霉 2 个和红色盾巨孢囊霉 1 个。

2. 根际丛枝菌根真菌分布

如图 2-7 所示，通过对 4 个样地青杨根际丛枝菌根真菌进行 Illumina MiSeq 检测，发现青杨雌株和雄株根际共有 67 个可鉴定的不同操作分类单元。其中，在雄株根际土壤中检测到 61 个操作分类单元，在雌株根际土壤中检测到 54 个操作分类单元，在雌株和雄株根际土壤共有 48 个操作分类单元。如图 2-7 所示，青杨雄株根际存在 13 个特有操作分类单元，雌株根际存在 6 个特有操作分类单元。除了性别因素外，丛枝菌根真菌群落的分布还会受到样地的影响。在非盐渍化样地中检测到 41 个操作分类单元，轻度盐渍化样地中检测到 43 个操作分类单元，中度盐渍化样地中检测到 38 个操作分类单元，重度盐渍化样地中检测到 35 个操作分类单元。如图 2-7 所示，非盐渍化样地、轻度盐渍化样地、中度盐渍化样地和重度盐渍化样地分别存在 4 个、8 个、6 个及 4 个特有操作分类单元，而 4

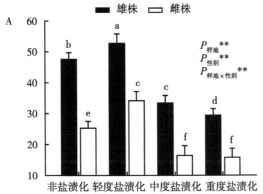

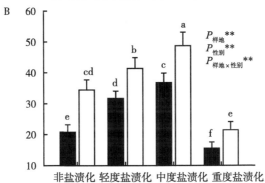

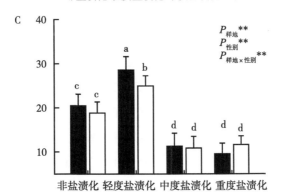

图 2-6　青杨根际根生囊霉属（A）、球囊霉属（B）和类球囊

霉属（C）的相对丰度

注：柱上方不同小写字母表示在 $P \leqslant 0.05$ 水平上存在显著差异，数值为均值±标准差（$n=3$）。

个样地中共有 18 个操作分类单元。

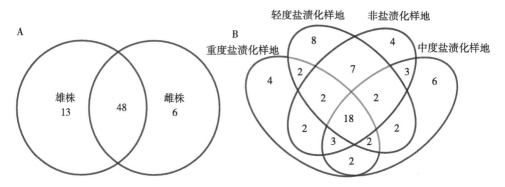

图 2-7　青杨根际丛枝菌根真菌操作分类单元随性别（A）和样地（B）分布状况

（三）根际丛枝菌根真菌群落多样性和相似性分析

可观测物种指数、朝一指数、香农指数、辛普森指数和覆盖率用于评估和比较不同样地和不同性别间丛枝菌根真菌群落多样性（表 2-7）。结果显示所有样本的覆盖度高于 98%。青杨根际丛枝菌根真菌群落多样性随样地盐渍化程度的增加呈先增加后降低的趋势，在轻度盐渍化样地达到峰值，呈现较高的多样性水平。可观测物种指数从重度盐渍化区域雌株 30 增加至轻度盐渍化区域雄株 57，朝一指数的变化范围为 9.91～34.74，香农指数变化范围为 0.91～2.65，辛普森指数的变化范围为 1.38～1.72。根据研究结果可知，丛枝菌根真菌的多样性指数最高值出现在轻度盐渍化样地雄株根际，最低值出现在重度盐渍化样地雌株根际。研究发现可观测物种指数和香农指数受样地和性别交互作用的显著影响。

通过置换多元方差分析发现不同样地间青杨根际土中的丛枝菌根真菌群落组成差异显著（置换多元方差值为 4.01，$P \leqslant 0.01$），而不同性别间丛枝菌根真菌群落组成差异不显著（置换多元方差值为 1.61，$P > 0.05$）。经过非度量多维尺度分析发现不同样地间青杨根际土丛枝菌根真菌群落组成显著不同（图 2-8）。由此可见，较性别因素而言，样地因素能更好区分丛枝菌根真菌群落结构间的差异。其中，非盐渍化样地和轻度盐渍化样地青杨根际丛枝菌根真菌群落相似度较高。

表 2-7　青杨根际丛枝菌根真菌群落的多样性指数

性别	样地	可观测物种指数	朝—指数	辛普森指数	香农指数	测序覆盖度（%）
雄株	非盐渍化样地	49b	29.16b	1.56b	2.08b	98.81
	轻度盐渍化样地	57a	34.74a	1.38d	2.65a	98.01
	中度盐渍化样地	38c	19.04c	1.47c	1.44c	98.08
	重度盐渍化样地	32d	10.28d	1.68a	0.98d	98.41
雌株	非盐渍化样地	47b	27.66b	1.61b	1.92b	98.92
	轻度盐渍化样地	55a	33.26a	1.40d	2.44a	98.12
	中度盐渍化样地	37c	17.35c	1.50c	1.31c	98.73
	重度盐渍化样地	30d	9.91d	1.72a	0.91d	98.88
$P_{样地}$		**	**	**	**	
$P_{性别}$		NS	NS	NS	NS	
$P_{样地 \times 性别}$		*	*	*	*	

注：**：差异极显著 $P \leq 0.01$；*：差异显著 $0.01 < P \leq 0.05$；NS：差异不显著 $P > 0.05$。每列中不同字母代表不同处理间差异显著（$P \leq 0.05$），数值为均值±标准差（$n = 3$）。

（四）根际丛枝菌根真菌及土壤因子冗余分析

冗余分析结果显示丛枝菌根真菌群落变异超过 50.2%，冗余分析 1 占方差 33.7%，冗余分析 2 占方差 16.5%（图 2-9）。对所有样地青杨根际丰富度较高的丛枝菌根真菌和环境因子进行冗余分析发现：土壤养分和电导率是影响不同性别青杨根际丛枝菌根真菌群落分布的主要因素。

五、讨论

气候环境对于土壤状况的影响极为显著，因此土壤理化性质和丛枝菌根真菌群落变化与气候变化也密切相关。根际丛枝菌根真菌由于靠近植物根系，会受到生物因素（植物种类）和非生物因素（环境参数）的双重影响（Birhane et al., 2021）。其中，有关植物性别与根际丛枝菌根真菌间的研究较少。本研究发现，在该盐渍化生态系统中，不同性别青杨丛枝菌根真菌群落结构受土壤养分和盐渍化的显著影响。盐渍化生态系统中丛枝菌根真菌的活性受抑制，且抑制程度取决

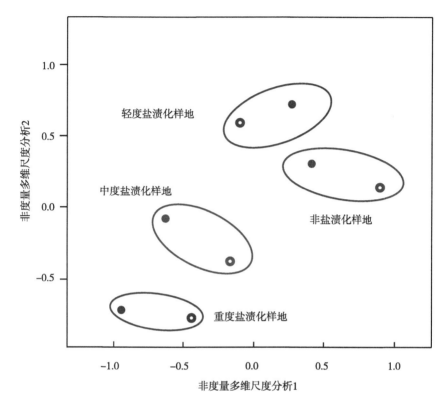

图 2-8　不同盐渍化样地青杨根际丛枝菌根真菌群落非度量多维尺度相似度分析

注：实心圆形为雄株；空心圆形为雌株。

于盐渍化的持续时间和程度。由非度量多维尺度分析结果可知，样地对丛枝菌根真菌群落结构的影响大于性别，且非盐渍化区域和轻度盐渍化区域的相似度较高，这可能是由于二者间样地盐渍化程度较为接近的缘故。

在盐渍化生境中，盐渍化不仅影响土著植被群落分布，也会通过影响根系定殖率、孢子计数和丛枝菌根真菌群落结构从而影响丛枝菌根真菌丰富度（Krish-namoorthy et al.，2014）。该研究中，丛枝菌根真菌多样性和群落结构从非盐渍化区域到重度盐渍化区域发生显著变化，表明受到不同程度盐胁迫对其的影响。青杨根际丛枝菌根真菌群落结构的多样性指数随样地盐渍化程度增加呈先增加后降低的变化趋势。在该盐渍化生态系统中，盐渍化对青杨根际丛枝菌根真菌群落结

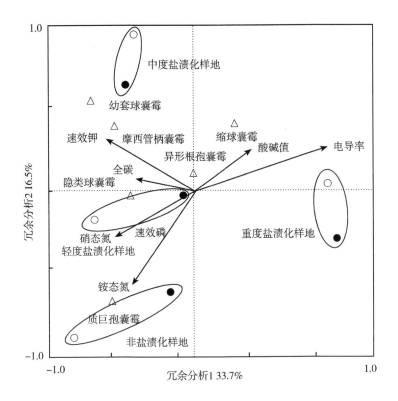

图 2-9　不同盐渍化样地青杨根际丛枝菌根真菌群落及环境参数的冗余分析

注：实心圆形为雄株；空心圆形为雌株。

构的影响远大于性别。丛枝菌根真菌群落多样性在轻度盐渍化区域丰富度最高，可见盐渍化对丛枝菌根真菌群落多样性的影响是双重的。一方面适量盐离子的存在，能够很好地促进丛枝菌根真菌的孢子萌发和菌丝的生长发育；另一方面土壤盐渍化程度较高则会抑制丛枝菌根真菌菌丝生长和定殖，也会延迟丛枝菌根真菌孢子萌发（Hajiboland et al.，2010）。另外，盐胁迫可能也会通过影响植被群落组成而影响丛枝菌根真菌群落（Guo and Gong，2014）。本研究没有区分植物和盐胁迫对丛枝菌根真菌的影响，只是强有力地证明土壤盐胁迫是影响丛枝菌根真菌群落的主要因素。

本研究中，茶卡盐湖地区根生囊霉属为青杨雄株根际的优势属，球囊霉属为青杨雌株根际的优势属。前期诸多研究发现盐渍化生境中刺槐根际优势属为根生囊霉属（Sheng et al.，2019），复垦地（Krishnamoorthy et al.，2014）和沿海湿地（Guo and Gong，2014）中的优势属均为球囊霉属。雄株根际丰富度较高的 3 个属为根生囊霉属、球囊霉属和类球囊霉属（根生囊霉属丰富度最高），在雌株根际丰富度较高的 3 个属为球囊霉属、类球囊霉属和根生囊霉属（球囊霉属丰富度最高）。这可能是由于不同性别在盐胁迫响应和根系分泌水平上的差异所致（Wu et al.，2019）。本次调查还检测到了类球囊霉属的存在，且在轻度盐渍化区域中含量较高，Symanczik 等（2015）认为类球囊霉属更偏好水分充足的环境，这有可能与轻度盐渍化区域距离湖水较近有关。

该研究通过调查发现速效磷、速效钾、全碳、硝态氮、铵态氮、电导率和 pH 值是影响茶卡盐湖不同样地和不同性别青杨根际丛枝菌根真菌群落分布的主要因素。盐渍化程度越高的样地，土壤营养元素利用水平越低，植物根际丛枝菌根真菌群落结构规模和多样性受抑制的程度越严重。反之，丛枝菌根真菌群落多样性越高，碳氮代谢越活越，土壤元素的可利用水平越高。丛枝菌根真菌对于宿主植物的生长和养分吸收具有积极效应，并以碳为交换将养分返还植物（Delavaux et al.，2017）。相反，丛枝菌根真菌从自身得到的碳也是土壤有机质的重要组成成分。随着土壤盐渍化的变化，全碳和速效磷含量逐渐成为限制植物群落分布的关键因素。该研究中虽然全碳和速效磷对丛枝菌根真菌多样性的影响不显著，但却是影响丛枝菌根真菌群落结构的重要因子。本研究中，通过对丛枝菌根真菌群落数据的非度量多维尺度分析和冗余分析发现：①盐渍化效应大于性别效应；②非盐渍化区域和轻度盐渍化区域的生物和非生物状况较近。

六、小结

利用高通量测序技术得到茶卡盐湖青杨根际丛枝菌根真菌多样性和结构随样地盐渍化程度和性别的变化，发现不同程度盐渍化样地和不同性别青杨根际丛枝菌根真菌群落多样性和结构间存在一定差异。根生囊霉属为青杨雄株根际的优势属，球囊霉属为青杨雌株根际的优势属。冗余分析表明随着植被群落演替，盐渍化和营养成分对于丛枝菌根真菌群落结构和丰富度的影响显著。丛枝菌根真菌群落多样性在轻度盐渍化区域丰富度最高，这可能是由于适量盐离子和充足水分的存在，能够很好地促进丛枝菌根真菌的孢子萌发和菌丝的生长发育。上述结果为盐湖地区丛枝菌根真菌的调查研究提供了新思路，特别是关于丛枝菌根真菌群落与土壤养分和盐渍化的关系。

第三章 盐渍化环境中丛枝菌根真菌对植物根际微环境的影响

第一节 丛枝菌根真菌对青杨根际微生物群落的影响

土壤环境中适当浓度盐离子的存在对于维持植物正常的生命活动非常必要，然而，全球范围内阶段性的干旱加剧了土壤盐渍化程度（Seleiman and Kheir，2018）。土壤环境中过量盐离子的存在会扰乱植物的生理、生化和分子机制，从而影响植物的生长（Zhang et al.，2017b）。植物会通过采取多种策略以应对盐胁迫带来的负面效应，如地下根系分枝系统以及丛枝菌根真菌共生体系的发育（Gabriella et al.，2018）。作为根际微生态系统的重要成员，丛枝菌根真菌通过地下庞大的菌丝网络影响宿主植物根系分泌物的分泌过程，从而间接调节根际微生物群落多样性（Smith and Read，2010）。Kohler 等（2016）发现接种摩西管柄囊霉显著改变了宿主植物根际好氧细菌的生长速率，影响根际微生物的群落组成。Gui 等（2017）利用双室显微观察发现丛枝菌根真菌能提高土壤枯落物后期的分解速率，并通过与根际微生物群落间的相互作用抑制根际微生物群落的发展。丛枝菌根真菌能改善土壤肥力，增强植物营养吸收，这为微生物-植物联合修复技术修复生态环境提供了一定的理论依据。

植物根际微生物群落多样性是衡量土壤健康和生产力最具影响力的指标，在调控根际土壤微环境的稳定过程中具有重要作用。针对不同的逆境生境，微生物具有不同的适应机制，了解微生物群落对于盐胁迫和菌根真菌的响应机制对于盐渍化生态系统的修复至关重要（Muller et al.，2017；Wu et al.，2021b）。外源丛枝菌根真菌和土著微生物相互关联相互影响（Gui et al.，2017），利用丛枝菌根真菌菌株改善根际土壤微生物群落以及丛枝菌根真菌能否应用于根际微生态的修复有待进一步评价。

青杨主要分布于我国西北地区，具有生长迅速和适应性强的特点，而盐渍化在我国西北地区普遍存在，是较为严重的环境胁迫之一（Yang et al.，2009）。和雌株相比，青杨雄株逆境生境的耐受性较强（Han et al.，2013；Wu et al.，2015）。然而，对于雌雄异株植物根际微生物群落对于盐渍化生境和接种处理的响应机制尚不清楚。巢式聚合酶链式反应-变性梯度凝胶电泳技术是将巢式聚合酶链式反应和变性梯度凝胶电泳结合起来的技术，在微生物生态学领域应用广泛，可以直接从微生态环境中提取 DNA，用聚合酶链式反应扩增微生物的指纹基因片段，根据碱基序列差异得以分离，最终从微生态环境的微生物样品中检测出微生物的种类，具有可靠性强和方便快捷的优越性。该研究就利用巢式聚合酶链式反应-变性梯度凝胶电泳技术（Bever et al.，2010）探索丛枝菌根真菌对不同性别青杨根际土壤因子及微生物群落多样性的影响，主要目的是检验两个假设：①盐渍化胁迫和接种外源丛枝菌根真菌会改变不同性别青杨的根际微环境；②不同性别青杨的根际微生物群落变化及对盐渍化胁迫和接种丛枝菌根真菌处理的响应机制存在差异。

一、试验材料与试验设计

（一）试验材料

供试植株：采自青海省西宁市大通县的不同性别青杨各 60 株。供试植物选用一年生的青杨，扦插条长 12 cm、直径 1.2 cm，经 0.05%高锰酸钾消毒 12 h，蒸馏水洗 3 次后待用。

供试菌剂：采用北京市农林科学院植物营养与资源研究所提供的异形根孢囊霉 Schenck & Smith（BGC BJ09）菌剂，包含菌丝、孢子（50 个·g^{-1}）、根段及扩繁基质。

供试土壤：采自陕西省杨凌区杨树人工林场表层土壤，去除表层 5 cm 腐殖质层后采集 5～20 cm 土层土壤。

（二）试验设计

试验处理包括三因素：①接种处理：未接种外源丛枝菌根真菌和接种外源异形根孢囊霉；②性别处理：青杨雌株和雄株；③盐胁迫处理：未施加盐胁迫（0 mmol·L^{-1}）和施加盐胁迫（75 mmol·L^{-1}）。每个处理 15 盆。在试验开始时，将培养基质（4 kg·盆$^{-1}$）装入 4.5 L 塑料盆中，于培养基质中心小于 10 cm 处接入菌剂和青杨扦插条。试验处理分为接种处理（20 g·盆$^{-1}$）和未接种处理（加等量灭菌菌剂）。接种后确保青杨形成菌根，培养期间维持水分正常供应，每周浇灌 200 mL 霍格兰氏营养液确保营养元素供应。待青杨生长 60 d 后，根据土壤含水量以及蒸发速率计算，每两天浇一次 5 mmol·L^{-1}氯化钠，15 次达最终浓度。考虑到群落变化属于缓慢过程，选择盐胁迫处理持续时间 3 个月后再进行收获。

二、指标测定

（一）植物参数的测定

为了更加直观记录植物的响应，我们在盐胁迫开始和结束时分别测量了茎的长度。生长速率（GRH）指的是茎的长度除以天数得到的数值。此外，随机选取 6 盆植株的样品 70 ℃烘干至恒重用于生物量的测定。然后，样品被研磨成粉状并过筛（100 μm）用于营养元素的测定。氮含量用凯氏定氮仪（TM8400 型，福斯科贸有限公司，北京，中国）测定，磷含量用高氯酸-硫酸消化-钼锑抗比色法测定。

（二）丛枝菌根真菌定殖率、孢子密度和土壤因子的测定

1. 样品采集

在试验结束后，去除 0~5 cm 的表层土壤，采集带有细根的根系，轻轻抖落附着于根上的土壤作为根际土。每个处理采集 6 份根际土样，部分风干用于理化性质和孢子密度测定，部分置于-80 ℃保存用于微生物群落多样性测定。将植株根系置于酒精醋酸福尔马林混合固定液保存于 4 ℃冰箱，用于丛枝菌根真菌定殖

率测定。

2. 丛枝菌根真菌定殖率和孢子密度测定

青杨细根经染色后剪成 1 cm 根段，平行放置于载玻片横轴上镜检，丛枝菌根真菌定殖率的测定采用放大交叉法（Phillips and Hayman，1970），主要包括丛枝菌根真菌的典型结构丛枝、泡囊和菌丝。丛枝菌根真菌孢子密度的测定使用湿筛倾析法（Gerdemann and Nicolson，1963）。孢子分离后在体视显微镜下计数，统计孢子密度。

3. 土壤因子测定

总球囊霉素和易提取球囊霉素含量的测定按照 Wright 和 Upadhyaya（1998）方法进行；土壤含水量采用烘干法测定；pH 值〔土壤（g）：水（mL）为 1∶2.5〕采用 PHS-3B 型精密 pH 计测定；电导率采用 EM38-DD 电导仪测定；有机碳含量采用重铬酸钾氧化法测定；速效磷和速效钾含量分别用碳酸氢钠-钼锑抗比色法和乙酸铵-火焰光度计法测定；速效氮含量的测定按照硫酸亚铁法进行；土壤脲酶、脱氢酶、碱性磷酸酶、过氧化氢酶、蔗糖酶活性分别用靛酚比色法、氯化三苯基四氮唑、磷酸苯二钠比色法、高锰酸钾滴定法以及磷钼酸比色法测定（鲍士旦，2000）。

（三）土壤微生物群落的巢式 PCR-DGGE 分析

使用 E. Z. N. A. 土壤 DNA 提取试剂盒（欧米伽生物科技有限公司，圣安东尼奥，美国），按照说明步骤提取青杨根际土壤 DNA；采用紫外分光光度计检测土壤 DNA 浓度及纯度；采用 0.8% 琼脂糖凝胶电泳检测 DNA 样品的完整性。微生物群落的多样性测定采用巢式聚合酶链式反应-变性梯度凝胶电泳技术进行。

1. 引物

第一轮细菌 16S 区 rRNA 基因的扩增引物为：

fD1（5′-AGAGTTTGATCCTGGCTCAG-3′）

rP1（5′-ACGGTTACCTTGTTACGACTT-3′）（Weintraub et al.，2005）；

第二轮细菌 16S 区 rRNA 基因的扩增引物为：

534r（5′-CCTACGGGAGGCAGCAG-3′）

341f - GC（5′ - CGCCCGGGGCGCGCCCCGGGCGGGGCGGGGGCACGGGGGG - 3′）（Muyzer et al., 1993）；

第一轮真菌 18S 区 rRNA 基因的扩增引物为：

ITS1F（5′-CTTGGTCATTTAGAGGAAGTAA-3′）（Gardes and Bruns, 1993）

ITS4（5′-TCCTCCGCTTATTGATATGC-3′）（White, 1990）；

第二轮真菌 18S 区 rRNA 基因的扩增引物为：

ITS2（5′-CCTACGGGAGGCAGCAG-3′）（White, 1990）

ITS1F-GC（5′-CGCCCGCCGCGCGCGGCGGGCGGGGCGGGGGC

ACGGGGGGCTTGGTCATTTAGAGGAAGTAA-3′）（Anderson et al., 2003）。

2. 扩增体系与程序

第一轮细菌产生的扩增子长度为 1.4 kb，扩增体系包括 1 μL 模板，1 μL 上游引物（10 μmol · L^{-1}），1 μL 下游引物（10 μmol · L^{-1}），25 μL 2×Taq MasterMix（康为世纪生物科技有限公司，北京，中国），以及 22 μL 无核酸酶水共 50 μL 体系。扩增程序为：94 ℃ 3 min，30 次循环（94 ℃ 1 min，55 ℃ 1 min，72 ℃ 1.5 min），最后 72 ℃ 5 min。第二轮细菌产生的扩增子长度为 190 bp，以第一轮产物稀释 100 倍作为模板，扩增体系包括 1 μL 模板，0.5 μL 上游引物（10 μmol · L^{-1}），0.5 μL 下游引物（10 μmol · L^{-1}），12.5 μL 2×Taq MasterMix（康为世纪生物科技有限公司，北京，中国），以及 10.5 μL 无核酸酶水共 25 μL 体系。扩增程序为：94 ℃ 3 min，30 次循环（94 ℃ 30 s，55 ℃ 30 s，72 ℃ 30 s），最后 72 ℃ 5 min。使用空白样品做对照，利用 1% 琼脂糖凝胶和 DL2000 DNA marker（宝日医生物技术有限公司，北京，中国）存在下的 Du Red 染色分析聚合酶链式反应产物的产率和引物特异性。

第一轮真菌产生的扩增子长度为 1 kb，扩增体系包括 1 μL 模板，1 μL 上游引物（10 μmol · L^{-1}），1 μL 下游引物（10 μmol · L^{-1}），25 μL 2×Taq MasterMix（康为世纪生物科技有限公司，北京，中国），以及 22 μL 无核酸酶水共 50 μL 体系。扩增程序为：94 ℃ 5 min，35 次循环（94 ℃ 30 s，55 ℃ 30 s，72 ℃ 2 min），最后 72 ℃ 5 min。第二轮真菌产生的扩增子长度为 250 bp，以第一轮产物稀释 50 倍作为模板，扩增体系包括 1 μL 模板，0.5 μL 上游引物（10 μmol·L^{-1}），0.5 μL 下游引物（10 μmol·L^{-1}），12.5 μL 2×*Taq* MasterMix（康为世纪生物科技有限公司，北京，中国），以及 10.5 μL 无核酸酶水共 25μL 体系。扩增程序为：94 ℃ 5 min，35 次循环（94 ℃ 30 s，55 ℃ 30 s，72 ℃ 30 s），最后 72 ℃ 5 min。使用空白样品做对照，利用 1%琼脂糖凝胶和 DL2000 DNA marker 修改为（宝日医生物技术有限公司，北京，中国）存在下的 Du Red 染色分析聚合酶链式反应产物的产率和引物特异性。

3. 变性梯度凝胶电泳

细菌 DNA 产物适宜变性梯度胶浓度为 40%～60%，真菌 DNA 产物适宜变性梯度胶浓度为 30%～50%。利用 Dcode™通用突变检测系统（伯乐公司，赫拉克勒斯，美国）进行变性梯度凝胶电泳分析。将 50 μL 的巢式聚合酶链式反应产物添加至配制好的变性梯度凝胶电泳变性梯度胶中，120 V 电泳 10 min，80 V 电泳 12 h。电泳完毕，将胶置于 Du Red 染色 15 min，清水漂洗，于凝胶 Doc XR 成像系统（伯乐公司，赫拉克勒斯，美国）拍照。利用 Quantity One 软件（伯乐公司，赫拉克勒斯，美国）对变性梯度凝胶电泳图谱中的条带进行分析，泳道自动曝光，调整背景值小化至 5，选择好条带，将参数调整至适合状态。所有泳道应用高斯混合模型实现，公差设置为 4.00%，通过自动匹配得到最多条带。最后，其余条带通过手动设置匹配，峰值密度由系统自动生成。

（四）数据处理

采用 Quantity One 图形分析软件（伯乐公司，赫拉克勒斯，美国）分析变性梯度凝胶电泳图谱。一般变性梯度凝胶电泳图谱中只显示优势类群，因此本研究中所涉及的微生物群落指的是优势微生物群落（Casamayor et al.，2000）。从变性梯度凝胶电泳图谱中导出的峰值密度数据转化输出至生物统计软件 SPSS（V17.0）（统计分析软件公司，芝加哥，美国）中进行多样性指数的分析，包括丰富度和辛普森指数。利用 XL Stat 7.5（艾丁软件公司，巴黎，法国）进行 Mantel 检验（基于 10 000 个排列的 0.05）以比较微生物的相异性矩阵。植物参数、土壤理化性质、球囊霉素含量、丛枝菌根真菌定殖率和孢子密度的相关数据利用生物统计软件 SPSS（V17.0）（统计分析软件公司，芝加哥，美国）进行统计分析。数据采用 Duncan 测试（$P \leqslant 0.05$）、双因素分析和三因素分析（Three-Ways ANOVAs）进行处理。

试验中所涉及的指标均需标准化处理。青杨生长速率、生物量累积、叶片和根系中的氮含量和磷含量转化为标准变量。为了评估接种外源丛枝菌根真菌菌剂和盐胁迫对于青杨扦插条生长和根际微生物群落的影响，我们将接种处理（接种外源丛枝菌根真菌菌剂处理设置为"1"，未接种外源丛枝菌根真菌菌剂处理设置为"0"）和盐胁迫处理（0 mmol·L^{-1}处理设置为"0"，75 mmol·L^{-1}处理设置为"1"）作为处理变量。根据丰富度和辛普森指数，利用软件 XLSTAT（艾丁软件公司，巴黎，法国）计算微生物的 Bray-Curtis 相似性指数。

为了检测土壤性质、植株生长特性和微生物群落间的关系，所有标准化的数据集和微生物相似性指数都转化为欧氏距离和相异指数。根据矩阵，Mantel 检验用来衡量处理的影响效应。为了显示变量之间的因果关系，利用软件 AMOS 22.0（宾夕法尼亚阿拉格尼学院，米德维尔，美国）构建基于 Mantel 检验的结构方程模型（SEM）（Sheng et al.，2017）。按照最大似然解程序，采用拟合优度度量评估模型卡方的充分性。对于明显的模型数据差异确定，还需校对残差和修正指数。结构方程模型用来计算接种处理、盐胁迫处理、丛枝菌根真菌孢子密度、土壤电导率、根系速效钾和速效磷含量对于青杨生物量的影响；接种处理、盐胁迫、丛枝菌根真菌定殖率、丛枝菌根真菌孢子密度、土壤电导率、速效钾和速效磷含量对于细菌群落特性的影响；接种处理、盐胁迫、丛枝菌根真菌定殖率、丛枝菌根真菌孢子密度、土壤电导率、速效氮、速效磷和速效钾含量对于真菌群落特性的影响。

三、接种外源丛枝菌根真菌对青杨特征参数的影响

（一）青杨生长参数

盐胁迫显著抑制了青杨的生长速率、生物量累积以及磷元素含量（表3-1，

表3-2）。与未添加盐胁迫的处理相比，盐胁迫显著增加了雄株叶片和雌株根系的氮元素含量。和未接种处理相比，接种外源丛枝菌根真菌菌剂显著缓解了盐胁迫带来的损害，主要体现在扦插条生长速率、生物量累积以及营养吸收方面。对于未添加盐胁迫的处理，接种外源丛枝菌根真菌菌剂显著增加了雄株生物量的累积和根系磷元素的获取，但是对于生长速率、叶片中的磷元素含量、扦插条中的氮元素含量效应不显著。在盐胁迫的条件下，除了叶片中磷元素含量，接种外源丛枝菌根真菌菌剂显著增加了雄株扦插条的生长参数。对于雌株而言，接种外源丛枝菌根真菌菌剂显著增加了生长速率和叶片中的磷元素含量。然而，接种外源丛枝菌根真菌菌剂对于雌株叶片中的氮元素含量确实有相反效应。在盐胁迫条件下，接种外源丛枝菌根真菌菌剂的雌株在上述指标中的表现要优于未接种处理。

双因素方差分析表明，盐胁迫显著影响了雄株生长速率、生物量、叶片中氮元素含量、磷元素含量和雌株生长速率、生物量以及根系氮元素和磷元素含量，而接种处理对于上述指标效应均比较显著（雄株叶片磷元素含量除外）。三因素方差分析表明，性别、盐胁迫×性别和接种处理×性别在上述指标中的效应显著（性别对于生长速率的影响除外）。生长速率、生物量、根系氮元素含量以及青杨磷元素含量均受到三因素交互作用的显著影响。

表3-1　不同盐分条件下接种外源丛枝菌根真菌对青杨生长状况的影响

性别	盐浓度 （mmol · L^{-1}）	接菌	生长速率 （cm · d^{-1}）	生物量（g）
雄株	0	+M	1.34±0.06a	24.57±1.76a
		−M	1.32±0.04a	21.66±0.41b
	75	+M	0.87±0.04b	15.70±1.55c
		−M	0.71±0.02c	12.41±1.04d
	$P_{盐胁迫}$		**	**
	$P_{丛枝菌根真菌}$		**	**
	$P_{盐胁迫×丛枝菌根真菌}$		**	NS

（续表）

性别	盐浓度 （mmol·L^{-1}）	接菌	生长速率 （cm·d^{-1}）	生物量（g）
雌株	0	+M	1.42±0.05a	22.31±1.94ab
		-M	1.36±0.05a	22.11±1.5ab
	75	+M	0.76±0.04c	15.50±0.62c
		-M	0.64±0.03d	11.81±0.51d
	$P_{盐胁迫}$		**	**
	$P_{丛枝菌根真菌}$		**	**
	$P_{盐胁迫×丛枝菌根真菌}$		NS	**
	$P_{性别}$		NS	*
	$P_{盐胁迫×性别}$		**	**
	$P_{丛枝菌根真菌×性别}$		**	**
	$P_{盐胁迫×丛枝菌根真菌×性别}$		*	**

注：+M：接种外源丛枝菌根真菌；-M：未接种外源丛枝菌根真菌；0 mmol·L^{-1}：没有盐胁迫；75 mmol·L^{-1}：存在盐胁迫；**：差异极显著 $P \leqslant 0.01$；*：差异显著 $0.01 < P \leqslant 0.05$；NS：差异不显著 $P > 0.05$。每列不同字母代表不同处理间差异显著（$P \leqslant 0.05$），数值为均值±标准差（$n = 6$）。

表3-2 不同盐分条件下接种外源丛枝菌根真菌对青杨养分吸收的影响

性别	盐浓度 （mmol·L^{-1}）	接菌处理	氮含量（mg·g^{-1} DW）		磷含量（mg·kg^{-1} DW）	
			叶片	根系	叶片	根系
雄株	0	+M	10.23±0.28a	7.29±0.11bc	370.34±14.33a	355.77±9.50a
		-M	10.38±0.33a	7.13±0.13c	377.99±10.11a	341.73±13.46b
	75	+M	9.53±0.36b	7.40±0.25a	323.47±17.36c	306.84±10.96c
		-M	7.89±0.37d	6.86±0.11d	322.22±12.71c	288.13±21.55d
	$P_{盐胁迫}$		**	NS	**	**
	$P_{丛枝菌根真菌}$		**	**	NS	**
	$P_{盐胁迫×丛枝菌根真菌}$		**	*	NS	NS
雌株	0	+M	8.91±0.47c	8.16±0.61a	338.92±14.09c	288.73±18.54d
		-M	9.31±0.26b	8.19±0.17a	350.96±11.15b	302.29±12.80c
	75	+M	9.03±0.28b	6.97±0.14d	240.44±15.19d	215.99±8.77e
		-M	8.58±0.34c	6.41±0.33e	217.44±14.95e	183.51±14.14f

（续表）

性别	盐浓度 （mmol·L^{-1}）	接菌处理	氮含量（mg·g^{-1} DW）		磷含量（mg·kg^{-1} DW）	
			叶片	根系	叶片	根系
	$P_{盐胁迫}$		NS	**	NS	*
	$P_{丛枝菌根真菌}$		*	**	**	**
	$P_{盐胁迫×丛枝菌根真菌}$		**	**	**	**
	$P_{性别}$		**	**	**	**
	$P_{盐胁迫×性别}$		**	**	*	*
	$P_{丛枝菌根真菌×性别}$		**	*	**	*
	$P_{盐胁迫×丛枝菌根真菌×性别}$		NS	**	**	**

注：+M：接种外源丛枝菌根真菌；－M：未接种外源丛枝菌根真菌；0 mmol·L^{-1}：没有盐胁迫；75 mmol·L^{-1}：存在盐胁迫；**：差异极显著 $P \leqslant 0.01$；*：差异显著 $0.01 < P \leqslant 0.05$；NS：差异不显著 $P > 0.05$。每列不同字母代表不同处理间差异显著（$P \leqslant 0.05$），数值为均值±标准差（$n = 6$）。

（二）青杨根系丛枝菌根真菌定殖率、孢子密度以及球囊霉素含量

本研究发现在接种外源丛枝菌根真菌菌剂的扦插条中，盐胁迫显著降低了丛枝菌根真菌定殖率和孢子密度。在未接种外源丛枝菌根真菌菌剂的扦插条中，盐胁迫显著降低了雄株丛枝菌根真菌定殖率和雌株丛枝菌根真菌孢子密度。然而，无论是否添加盐胁迫，接种外源丛枝菌根真菌菌剂处理对于青杨丛枝菌根真菌定殖率和孢子密度均具有一定程度的积极效应。盐胁迫显著降低了总球囊霉素含量和易提取球囊霉素含量（雄株根际易提取球囊霉素含量的变化除外），这和接种处理的变化趋势相反。同时，盐胁迫条件下，和未接种外源丛枝菌根真菌菌剂的雄株相比，雌株的丛枝菌根真菌定殖率更高。双因素方差分析表明，除雌株接种处理的丛枝菌根真菌定殖率，盐胁迫和接种处理均显著影响了丛枝菌根真菌定殖率、丛枝菌根真菌孢子密度和球囊霉素含量。三因素方差分析表明，所以指标均受到盐胁迫×性别和接种处理×性别交互作用的显著影响，丛枝菌根真菌定殖率、孢子密度和球囊霉素含量受到三因素交互作用的显著影响。

（三）青杨根际土壤理化性质和酶活性

本研究发现土壤 pH 值大约在 8.05。在盐胁迫的处理下土壤电导率显著增

加。在未接种处理中，盐胁迫显著降低了青杨根际土壤速效磷和速效钾的含量。在添加外源丛枝菌根真菌菌剂的处理中，盐胁迫显著降低了雌株根际的速效氮含量和速效钾含量，但是雄株根际二者的含量并无显著影响。盐胁迫显著降低了青杨根际的土壤酶活性，接种外源丛枝菌根真菌菌剂显著增加了过氧化氢酶、脱氢酶和碱性磷酸酶的活性。而对于脲酶和蔗糖酶，盐胁迫的效应要大于接种处理的效应。双因素方差分析表明，除了雌株根际速效钾含量外，土壤电导率和营养元素均受到盐胁迫和接种处理的显著影响，接种外源丛枝菌根真菌菌剂对雄株根际土壤电导率、有机碳、速效氮和速效磷含量影响显著，对于雌株根际土壤电导率和营养元素含量影响显著。盐胁迫对雄株根际土壤酶活性影响显著，对于雌株根际过氧化氢酶、脱氢酶和碱性磷酸酶活性影响显著。然而，接种处理对雄株土壤过氧化氢酶、脱氢酶和碱性磷酸酶活性影响显著，对雌株根际土壤酶活性影响显著。三因素方差分析表明，性别和盐胁迫×性别对于上述指标影响显著（过氧化氢酶活性除外），接种处理×性别对于土壤电导率、营养元素和酶活性影响显著。

四、变性梯度凝胶电泳图谱分析

（一）基于变性梯度凝胶电泳图谱的微生物群落聚类分析

图3-1中条带亮度代表物种丰度，条带数量代表微生物种类，图谱反映的是青杨根际微生物群落中的优势菌群（Casamayor et al.，2000）。该研究所提到的群落指的是优势细菌和真菌群落。由图3-1可知，接种外源丛枝菌根真菌菌剂对于青杨根际微生物群落结构具有显著效应。

如图3-2所示，变性梯度凝胶电泳图谱的聚类分析显示8个处理分为3个不同的组别。对于未添加盐胁迫的处理，土著微生物和接种外源丛枝菌根真菌菌剂处理间关系较近（处理1和3，处理5和7），表明无论是否添加外源丛枝菌根真菌菌剂，青杨根际目标细菌相似度较高。在盐胁迫的条件下，接种外源丛枝菌根真菌菌剂引起了青杨雌株根际微生物群落的显著变化。在盐胁迫条件下，青杨雄株根际土著微生物和接种外源丛枝菌根真菌菌剂处理间的关系较近（处理2和

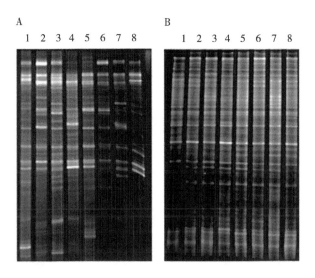

图 3-1　不同盐分条件下青杨根际微生物群落变性梯度凝胶电泳图谱

注：A：真菌群落；B：细菌群落。1：接菌，雄株，无盐；2：接菌，雄株，盐；
3：接菌，雌株，无盐；4：接菌，雌株，盐；5：未接，雄株，无盐；6：未接，雄株，
盐；7：未接，雌株，无盐；8：未接，雌株，盐。

6)，表明根际目标真菌的相似度较高。而在未添加盐胁迫的条件下，二者之间的
关系较远（处理 1 和 5），说明在该条件下接种外源丛枝菌根真菌菌剂引起了雄
株根际目标真菌的显著变化。此外，盐胁迫处理和未添加盐胁迫处理下的青杨雌
株关系较远（处理 7 和 8），说明盐胁迫并不会引起雌株根际目标真菌群落的显
著变化。

（二）基于变性梯度凝胶电泳图谱的微生物群落结构分析

基于细菌和真菌变性梯度凝胶电泳图谱条带的数字亮度和定位结果，研究得
到青杨根际微生物群落结构的多样性指数（图 3-3）。盐胁迫限制了雌株根际真
菌群落的丰富度和接种处理雄株根际真菌群落的丰富度。此外，盐胁迫刺激了青
杨根际真菌的辛普森指数，而接种处理与盐胁迫的效应相反。青杨根际细菌群落
的响应与真菌群落的响应相反，接种外源丛枝菌根真菌菌剂刺激了青杨根际细菌
群落的丰富度，盐胁迫则表现出相反效应（未接种外源菌剂的雌株扦插条除

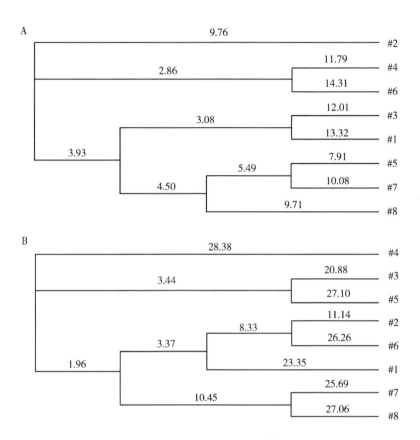

图3-2 基于青杨根际微生物图谱的聚类分析

注：A：细菌群落；B：真菌群落。1：接菌 雄株 无盐；2：接菌 雄株 盐；3：接菌
雌株 无盐；4：接菌 雌株 盐；5：未接 雄株 无盐；6：未接 雄株 盐；7：未接 雌株 无
盐；8：未接 雌株 盐。

外）。对于雌株根际细菌群落的丰富度，接种外源丛枝菌根真菌菌剂呈现出一定
的积极效应，特别是在未添加盐胁迫的处理下。与细菌群落丰富度的变化趋势相
反，盐胁迫显著增加了辛普森指数。然而，接种外源丛枝菌根真菌菌剂对于细菌
辛普森指数具有一定的积极效应（盐胁迫处理下的雄株扦插条除外）。双因素和
三因素方差分析表明，除了细菌群落的辛普森指数外，微生物群落多样性的其余
指标均受到盐胁迫处理、接种处理以及性别三因素中任意两因素以及三因素间的

显著交互作用。

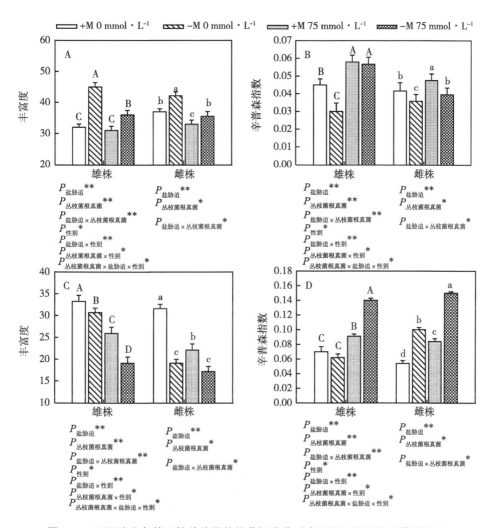

图3-3 不同盐分条件下接种外源丛枝菌根真菌对青杨根际微生物群落的影响

注：A和B：细菌群落；C和D：真菌群落；+M：接种外源丛枝菌根真菌；-M：未接种外源丛枝菌根真菌；0 mmol·L⁻¹：没有盐胁迫；75 mmol·L⁻¹：存在盐胁迫；**：差异极显著 $P \leqslant$ 0.01；*：差异显著 $0.01 < P \leqslant 0.05$；NS：差异不显著 $P > 0.05$。柱上方不同字母（雄株大写字母，雌株小写字母）代表不同处理间差异显著（$P \leqslant 0.05$），数值为均值±标准差（$n = 6$）。

五、环境参数、青杨参数与根际微生物群落多样性之间关系

(一) 环境参数与微生物种类之间的相关性分析

如图 3-4 所示，相关性分析表明在青杨生长参数、根际微生物群落特性以及

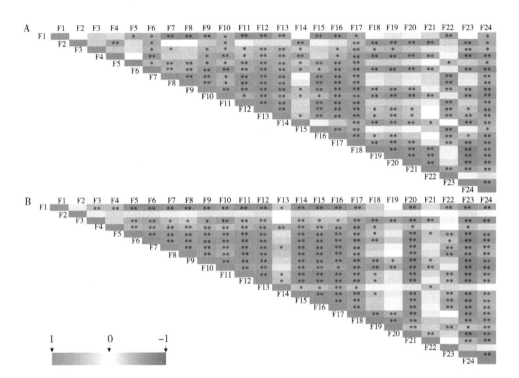

图 3-4 青杨根际土理化性质、生长参数、丛枝菌根真菌状况和微生物特性的相关性分析

注：A：雄株；B：雌株。** 代表邓肯检验在 0.01 水平下差异显著；* 代表邓肯检验在 0.05 水平下差异显著。F1~F24 分别代表电导率（F1）、有机碳含量（F2）、速效氮（F3）、速效磷（F4）、速效钾（F5）、碱性磷酸酶活性（F6）、蔗糖酶活性（F7）、脲酶活性（F8）、脱氢酶活性（F9）、过氧化氢酶活性（F10）、株高的生长速率（F11）、生物量的累积（F12）、叶片中的氮含量（F13）、根系中的氮含量（F14）、叶片中的磷含量（F15）、根系中的磷含量（F16）、总球囊霉素含量（F17）、易提取球囊霉素含量（F18）、丛枝菌根真菌定殖率（F19）、丛枝菌根真菌孢子密度（F20）、细菌丰富度（F21）、细菌的辛普森指数（F22）、真菌的丰富度（F23）、真菌的辛普森指数（F24）。**：差异极显著 $P \leqslant 0.01$；*：差异显著 $0.01 < P \leqslant 0.05$。

土壤性质间存在显著的相关关系，且不同性别间的相关性结果存在一些差异。土壤性质（F1～F10）与其他因子之间存在显著相关关系，但对于雌株有机碳和指标间并无显著相关性。土壤电导率与大多数土壤理化性质和植物生长参数呈现显著负相关关系（F11～F16）。

对于青杨雄株，植物生长参数与土壤理化性质和丛枝菌根真菌特性呈现显著正相关关系（除电导率和有机碳），微生物丰度、细菌辛普森指数呈现显著负相关关系。而所有的土壤性质、植物生长参数和丛枝菌根真菌特性与真菌的辛普森指数呈现显著正相关关系。对于青杨雌株，生长参数（除叶片中氮元素）均与土壤性质（除电导率和有机碳）、总球囊霉素和丛枝菌根真菌孢子密度呈现显著正相关关系。叶片中的氮元素与土壤电导率呈现显著负相关关系，与土壤速效磷、蔗糖酶活性、总球囊霉素含量以及细菌丰富度呈现显著正相关关系。真菌丰度和辛普森指数与其他指标呈现相反的相关性，真菌丰富度与大多数指标呈现显著负相关关系，而真菌辛普森指数则与大多数指标呈正相关关系。

（二）青杨扦插条生物量与微生物群落特性之间的结构方程模型关系

如图3-5所示，接种外源丛枝菌根真菌菌剂对于青杨根系丛枝菌根真菌定殖率和根际孢子密度具有显著正效应。盐胁迫对于青杨根际土壤的电导率具有显著正效应。丛枝菌根真菌定殖率对于青杨扦插条的生物量具有显著正效应。对于青杨雌株，根系中的氮元素含量对于生物量具有显著正效应；对于青杨雄株，土壤电导率和丛枝菌根真菌孢子密度对于生物量具有显著负效应。

丰富度和辛普森指数对于青杨根际细菌群落特性的影响是复杂的。对于青杨雌株，细菌的丰富度对于丛枝菌根真菌孢子密度、土壤电导率、速效钾含量具有显著负效应，对于速效磷含量具有显著正效应；细菌辛普森指数对于丛枝菌根真菌孢子密度、定殖率和速效磷含量具有显著正效应。对于青杨雄株，丛枝菌根真菌定殖率、土壤电导率与细菌丰富度是显著正效应，只有丛枝菌根真菌孢子密度对于细菌辛普森指数是显著正效应。

对于青杨根际真菌群落特性，青杨雌株和雄株不同参数对真菌丰富度和辛普

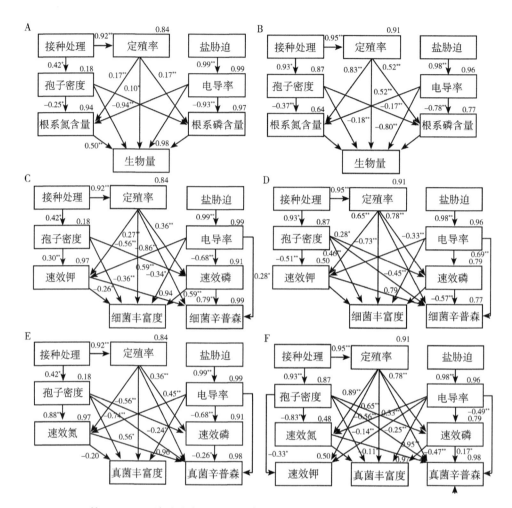

图 3-5　基于 Mantel 统计的青杨根际土壤因子和微生物特性间的结构方程模型关系

注：A 和 B：青杨雌株和雄株间生物量积累的模型；C 和 D：青杨雌株和雄株根际细菌丰富度和辛普森指数的模型；E 和 F：青杨雌株和雄株根际真菌丰富度和辛普森指数的模型；丛枝菌根真菌定殖率因子右上角的数字代表平方以后的多相关系数；各因子间连线上的数值表示标准回归权重（** 表示在 0.01 水平下显著 $P \leqslant 0.01$；* 表示在 0.05 水平下显著 $P \leqslant 0.05$）。标准相关权重达显著水平的已经用数字在图中列出（已经用相关数值标出，数值的正负表征达显著水平的正负，$P \leqslant 0.05$），标准相关权重未达显著水平的未在图中列出数值。

森指数不同。对于青杨雌株，真菌丰富度与细菌的类似，对于丛枝菌根真菌孢子密度和土壤电导率具有显著负效应；辛普森指数对于土壤速效氮含量是显著正效应，而对于速效磷含量则为显著负效应。对于青杨雄株，真菌丰富度对于速效磷、速效氮、丛枝菌根真菌定殖率和电导率含量具有显著负效应；辛普森指数对丛枝菌根真菌定殖率有显著正效应，而对于速效氮含量有显著的负效应。

六、讨论

植物对于盐胁迫的早期响应机制主要表现为植物株高生长速率、生物量以及养分含量的减少，这很好地支持了本研究中盐胁迫显著降低了青杨生长参数这一研究结果（Wu et al., 2015）。结构方程模型结果可以较好地反映在宿主植物青杨中这些变量之间的因果关系。结构方程模型结果表明，接种外源丛枝菌根菌剂对于青杨根系丛枝菌根真菌的定殖率有正面效应，从而有助于青杨生物量的积累。丛枝菌根真菌能通过增强宿主植物根系对于营养成分的吸收和改变宿主植物根际微环境来促进植物生长（Smith and Read, 2010）。一方面，丛枝菌根真菌的外延菌丝扩大了宿主植物和土壤之间的接触面积，另一方面，菌丝的分泌物也能够较好地改善土壤理化性质（Vezzani et al., 2018）。

土壤环境和理化性质对于土壤微生物群落的影响非常复杂。植物根际细菌和真菌间的动态平衡变化会对宿主植物的生理和生化功能产生影响。外源丛枝菌根真菌可改变宿主植物根系分泌物的组成，影响宿主植物根际土著微生物的群落组成（Wu et al., 2021b）。该研究发现接种外源丛枝菌根真菌菌剂会引起土著微生物群落多样性指数的显著变化（尤其是真菌群落），表明丛枝菌根真菌在某种程度上能够抑制或者刺激某些微生物的繁殖（Mette et al., 2010）。接种外源丛枝菌根真菌菌剂对于真菌群落的影响大于盐胁迫处理，细菌群落的变化与之相反。异形根孢囊霉，作为丛枝菌根真菌中的模式菌株，能够适应各种逆境生境，尤其是在盐渍化生态系统中分布广泛（Krishnamoorthy et al., 2014）。

接种和盐胁迫处理对于微生物群落的影响是复杂的。通常情况下，盐胁迫最明显的表征即为土壤的高电导率，会对微生物的丰富度产生显著的负面效应

（Wu et al.，2019）。土壤的电导率与细菌的辛普森指数呈现显著正相关，与青杨雄株根际真菌的辛普森指数呈现显著负相关。Bharti 等（2016）通过调查发现接种外源丛枝菌根真菌菌剂对宿主植物根际微生物群落的影响显著，这与本研究结果一致。本研究中，接种外源丛枝菌根真菌菌剂显著增加了宿主植物根系和根际土壤中的磷元素含量。研究者认为丛枝菌根真菌能够较好地协助宿主植物吸收根际土壤中的营养元素，尤其是磷元素和氮元素，从而更好地去交换光合产物。

丛枝菌根真菌能够与土壤中的其他微生物相互作用，形成宿主植物根际的土壤微生态系统。在我们的研究中，丛枝菌根真菌共生体系的形成可以改善宿主植物根际土壤的理化性质，且对雌株和雄株间根际微环境的改变存在一定差异（Li et al.，2020a；Wu et al.，2021b），这可能是由于雌株和雄株间根系分泌物、根系环境及根系菌根真菌定殖状况等的差异所致（李朕，2017）。这反过来，以不同方式影响了不同性别根际土壤微生物的生长和定殖模式。外源丛枝菌根真菌菌剂与自然菌根层相互作用，从而影响土壤性质。此外，性别的不同也增加了土壤环境的异质性。无论是否接种外源丛枝菌根真菌菌剂，青杨雄株根际目标真菌的相似性要高于雌株根际，这可能归因于逆境生境下雄株的生长状况优于雌株。

然而，使用混合菌剂可能能够弥补上述负面效应（Itoh et al.，2014）。本研究尝试把植物群落资源竞争理论和盐渍化-青杨-丛枝菌根真菌互作理论结合在一起，更好地探讨盐渍化生境下丛枝菌根真菌通过地下系统对宿主植物的影响。结果显示，在盐胁迫、外源丛枝菌根真菌菌剂、性别和青杨根际土壤微生物群落结构之间具有显著的互作效应。接种外源丛枝菌根真菌菌剂显著地改善了青杨根际土壤的理化性质，改变了根际真菌群落结构，从而促进了青杨的生长，这对缓解性别比例失衡和生态系统的恢复具有重要价值。

七、小结

盐胁迫会影响青杨的生长状况和根际土壤理化性质，丛枝菌根真菌是宿主植物根际微生态系统中的重要成员，在植物和土壤之间扮演着交通枢纽的作用，能够很好地缓解盐渍化所带来的上述负面效应。结构方程模型显示盐胁迫和接种处理对于土壤特性均有复杂的影响，从而进一步地影响根际微生物群落。通过研究发现，接种丛枝菌根真菌能显著改变青杨根际真菌的群落结构、增加土壤碳储备、改良土壤性质，表明丛枝菌根真菌在微生态系统中对青杨根际微生物群落具有重要的影响。

第二节　丛枝菌根真菌对丝棉木根际土壤水稳性团聚体特征的影响

大同市是山西省的第二大城市，地处于大同盆地的中心，属于北温带大陆性季风气候，昼夜温度差异大，日照充足，蒸发量巨大，又因其地处于山西和内蒙古的交界处并属于晋北半干旱地区，全年呈现干燥、多风、降雨稀少的恶劣气候。同时，大同市作为我国著名的能源基地，地势较高、降水稀少和风力强等独特的环境条件，加之不合理的垦殖，导致该地区盐渍化问题突出，生态环境脆弱（Zhong et al.，2014）。大量实践证明，逆境生境治理的基础和核心是对逆境生境的生态恢复（Rillig et al.，2015），而生态恢复的关键是生态系统功能的恢复和结构的重建：恢复系统中非生物成分（土壤等）的功能，进而恢复微生物、植被和动物群落（Wu et al.，2019）。然而，大同盆地的栗钙土土壤属于盐渍化土壤，存在土壤结构不良、微生物区系稀少和植被覆盖率低的问题，生态系统稳定性差，不利于植被的恢复。有效稳定大同盆地土壤结构，改善土壤营养条件，是大同盆地生态重建的首要问题。

土壤团聚体是土壤结构的基本单位，是土壤成分在自然条件下形成的大小不一的多孔单元，具有维持水-气平衡、促进养分循环和抵御土壤侵蚀等多种生态功能（李娜等，2019）。良好的团聚体结构是优质土壤的基础，对生态系统的维持和恢复十分关键（Rillig et al.，2015）。微生物是土壤的重要组成部分，也是土壤团聚体形成过程中最活跃的生物因素（Rillig et al.，2015）。被称为"土壤结构工程师"的丛枝菌根真菌是土壤团聚体有机胶结的主要因子，对土壤团聚体的形成和稳定有重要作用（钟思远等，2018）。目前为止，研究发现丛枝菌根真菌能通过两种方式稳定土壤团聚体结构，一是丛枝菌根真菌根外菌丝能起到类似根系的作用，将微型团聚体包裹缠绕形成大团聚体稳定土壤结构；二是丛枝菌根真菌的菌丝分泌物球囊霉素可以直接参与土壤团聚体的形成（Vlcek and Pohanka，2020）。

经过前期的调查研究栗钙土被确认为该地区的主要土壤类型。土壤中的盐类物质，如碳酸钙，在降水或者水分蒸发过程中不断沉积，大量富集后形成的灰白色钙积层，最终成为盐渍化土壤。栗钙土孔隙度比其他土壤类型大，土壤水分容易渗漏，不利于植被抵抗干旱环境；同时，由于钙积层的存在，土壤持水力降低，水分入渗能力差，长期积聚在土壤表层，使得土壤水分迅速流失，并且加剧了钙积层次生化过程。此外，由于钙化层具有结构紧密、质地坚硬以及通透性差等特点，能够阻挡植物根系向土地深处伸展，限制植被对养分和水分的吸收，从而不利于植被的生长。目前，大多数研究集中于栗钙土的土层结构特点、影响植被生长机理、植被和人类活动对栗钙土结构的影响以及通过施用有机肥改善土壤的有机质循环等，而国内尚无有关微生物，特别是丛枝菌根真菌对于栗钙土土壤结构特征影响机制的报道。该研究采用盆栽试验，分析三种常见的丛枝菌根真菌定殖丝棉木后，对丝棉木根际栗钙土水稳性团聚体稳定性的影响，旨在为大同盆地盐渍化土壤–栗钙土的修复提供理论依据。

一、试验材料与试验设计

（一）试验材料

供试丛枝菌根真菌分别为摩西球囊霉、幼套球囊霉和根内球囊霉（Krüger et al.，2012）（北京市农林科学院植物营养与资源研究所），经三叶草扩繁，将含有孢子、菌丝片段以及定殖根的根土混合物作为供试丛枝菌根真菌菌剂。每 10 g 供试菌剂中约含有 150 个孢子。

供试植物挑选饱满的丝棉木种子，表面消毒（5 g·L^{-1} 高锰酸钾溶液浸泡 20 min），蒸馏水冲洗 3 次，无菌水浸泡 24 h，置于铺有纱布的托盘上，25 ℃光照培养箱中催芽，每天光照 12 h，换水 1 次。种子胚根伸出约 0.1 cm，将种子播种在装有蛭石的育苗钵中（47 cm×33 cm，66 孔），每孔播 3 粒，将育苗钵置于

25 ℃光照培养箱中继续培养，每天早上浇水（每孔 20 mL），1 个月后挑取长势一致的进行移栽。

供试基质为栗钙土，土壤基本理化性质为有机碳 18.21 g·kg^{-1}，速效钾 42.08 g·kg^{-1}，速效氮 23.17 mg·kg^{-1}，速效磷 10.33 mg·kg^{-1}；pH 值［土壤（g）：水（mL）为 1∶5］7.9。用 γ 射线对风干土壤灭菌。

（二）试验设计

本研究属于单因素试验，共设置接种摩西球囊霉、幼套球囊霉、根内球囊霉以及不接种丛枝菌根真菌（对照组）4 个处理，每个处理 30 盆重复，共 120 盆，完全随机区组排列。供试基质装于长宽高分别为 17.5 cm、12.5 cm、16 cm 的塑料盆中，于基质表层下 2 cm 处接种 20 g 供试菌剂（菌剂量为 11.76 g·kg^{-1}），每盆移栽 1 棵，置于 25 ℃温室中培养，每天光照 12 h，常规育苗管理，每周浇 1 次霍格兰氏营养液（50 mL·盆$^{-1}$）。3 个月后，每个处理完全随机选定 6 株植株进行收获（收获根际土壤时，需注意沿其自然结构小心掰成小土块）。

二、指标测定

（一）丝棉木生物量的测定

收获植株时将地上和地下部分分开，105 ℃杀青 0.5 h，70 ℃烘干至质量恒定，质量即为生物量。

（二）丛枝菌根真菌定殖率和菌丝密度的测定

丛枝菌根真菌定殖率和菌丝密度分别按照 McGonigle 等（1990）和 Abbott 等（1984）的方法进行测定。

（三）球囊霉素及有机质含量的测定

球囊霉素含量按照 Wright 等（1998）的方法测定。称过 2 mm 孔径筛的风干土 2 份，每份 1 g，分别加入 pH 值 7.0、20 mmol·L^{-1}和 pH 值 8.0、50 mmol·L^{-1}的柠檬酸钠溶液 8 mL 作为总球囊霉素和易提取球囊霉素的浸提剂，充分混匀后 121 ℃下高压分别灭菌 30 min 和 60 min，灭菌后的混合溶液于 5 000 r·min^{-1}

离心 15 min，取上清液。在总球囊霉素的提取过程中需重复上述操作至上清液无
色，合并上清液测定。使用 Bradford 蛋白质分析试剂盒（天根生化科技有限公
司，北京，中国）测定上清液中总球囊霉素和易提取球囊霉素含量。土壤有机质
含量采用重铬酸钾外加热法（重铬酸钾-硫酸法）测定（鲍士旦，2000）。

（四）土壤水稳性团聚体含量及其特征参数的测定

不同粒径土壤水稳性团聚体含量按照 Wu 等（2008）的方法进行测定。根据
Wang 等（2014）的方法测定平均重量直径和几何平均直径，按照杨培岭等
（1993）的方法测定分形维数。

（五）数据处理

结果用"平均值±标准差"表示。数据经 Excel（V2021）处理后，采用
SPSS（V17.0）生物统计软件进行单因素方差（One－Way ANOVA）分析和
Pearson 法两两相关分析，使用 Duncan's 法进行显著性检验。

三、结果与分析

（一）丛枝菌根真菌对丝棉木生物量的影响

如图 3-6 所示，与未接种丛枝菌根真菌处理（对照组）相比，接种摩西球
囊霉、幼套球囊霉和根内球囊霉处理丝棉木地上部分的生物量分别增加了
4.08%、8.63%和13.06%，根内球囊霉处理差异显著；丝棉木地下部分的生物
量分别显著增加了32.81%、34.38%和43.75%；总生物量分别增加了10.03%、
14.89%和19.42%，其中接种幼套球囊霉和根内球囊霉处理差异显著。

（二）丝棉木根系丛枝菌根真菌的定殖率和根际土壤中的菌丝密度

如图 3-7 所示，摩西球囊霉、幼套球囊霉和根内球囊霉处理丝棉木根系中丛
枝菌根真菌定殖率分别为 72.79%、76.15%和78.80%，根际土壤菌丝密度分别
为 23.78 cm·g^{-1}、25.91 cm·g^{-1}和29.77 cm·g^{-1}，根内球囊霉处理显著高于摩
西球囊霉处理。三种丛枝菌根真菌定殖率均大于70%，可见丛枝菌根真菌能和丝
棉木根系形成良好的互惠共生关系。在定殖丝棉木根系后，根际土壤菌丝密度均

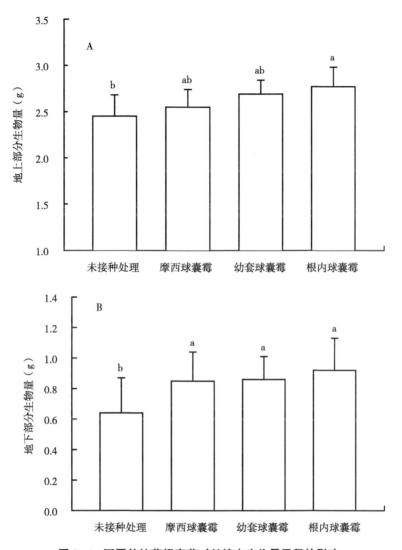

图3-6　不同丛枝菌根真菌对丝棉木生物量累积的影响

注：柱上方不同字母代表同一指标不同处理间差异显著（$P \leqslant 0.05$），数值为均值±标准差（$n = 6$）。

大于 20 cm·g^{-1}，可见其根际土壤中弥漫大量根外菌丝。

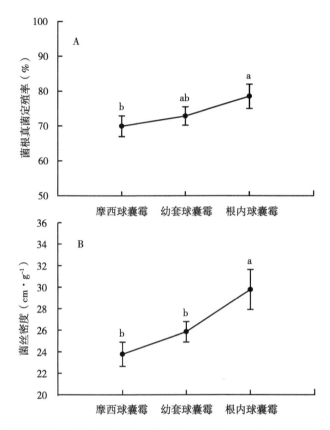

图3-7　不同丛枝菌根真菌在丝棉木根系的定殖率（A）和根际菌丝密度（B）

注：柱上方不同字母代表同一指标不同处理间差异显著（$P \leqslant 0.05$），数值为均值±标准差（$n=$6）。

（三）丛枝菌根真菌对土壤球囊霉素及有机质含量的影响

如图3-8所示，与对照处理相比，摩西球囊霉、幼套球囊霉和根内球囊霉处理的总球囊霉素含量分别显著增加了19.53%，18.59%和24.90%，易提取球囊霉素含量分别显著增加了31.92%，57.31%和94.62%，根内球囊霉处理效应最为显著。结果显示接种丛枝菌根真菌大幅增加丝棉木根际土壤中易提取球囊霉素和总提取球囊霉素的含量，其中易提取球囊霉素含量增幅更大。与对照处理相

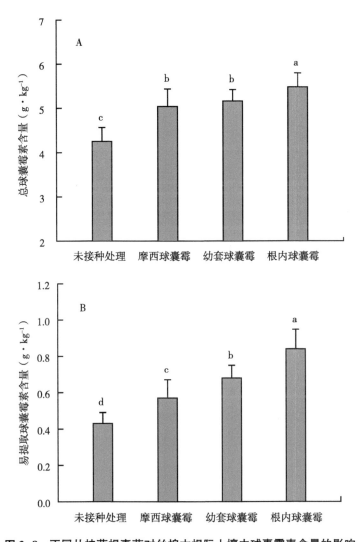

图3-8　不同丛枝菌根真菌对丝棉木根际土壤中球囊霉素含量的影响

注：柱上方不同字母代表同一指标不同处理间差异显著（$P \leqslant 0.05$），数值为均值±标准差
（$n = 6$）。

比，摩西球囊霉、幼套球囊霉和根内球囊霉处理的丝棉木根际土壤中有机质含量
均显著提高，其中根内球囊霉处理效应最为显著，达12.88%（图3-9）。

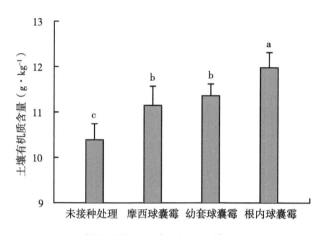

图 3-9　不同丛枝菌根真菌对丝棉木根际土壤中有机质含量的影响

注：柱上方不同字母代表同一指标不同处理间差异显著（$P \leqslant 0.05$），数值为均值±标准差（$n = 6$）。

（四）丛枝菌根真菌对土壤水稳性团聚体特征的影响

水稳性团聚体一般分为粒径 >0.25 mm 的大团聚体和粒径 $\leqslant 0.25$ mm 的微团聚体，大团聚体的含量与土壤肥力状况呈正相关效应（彭思利等，2011；Zhang et al.，2016）。由表 3-3 可知，与对照处理相比，接种根内球囊霉处理显著增加了土壤粒径 >5 mm、$5 \sim 2$ mm、$1 \sim 0.5$ mm 和 $\leqslant 0.25$ mm 水稳性团聚体含量，显著降低了土壤粒径 $0.5 \sim 0.25$ mm 水稳性团聚体含量；幼套球囊霉和摩西球囊霉处理显著增加了土壤粒径 >5 mm、$1 \sim 0.5$ mm 和 $\leqslant 0.25$ mm 水稳性团聚体含量，显著降低了土壤粒径 $0.5 \sim 0.25$ mm 水稳性团聚体含量。此外，根内球囊霉、幼套球囊霉和摩西球囊霉处理均增加了粒径 >0.25 mm 水稳性团聚体含量，且增加的百分比依次为 13.63%、17.52% 和 23.13%。由此可见，3 种丛枝菌根真菌均有利于水稳性团聚体的形成，且效应由大到小表现为根内球囊霉＞幼套球囊霉＞摩西球囊霉。

平均重量直径是不同粒级团聚体的综合指标，其值越大，说明大粒级团聚体含量越高、水稳性越好。几何平均直径描述不同粒径团聚体的分布情况，其值越大，说明大粒级团聚体分布越多，孔隙度越好（彭思利等，2011）。如图 3-10 所示，与对照处理相比，接种处理均显著增加了丝棉木根际土壤的平均重量直

表3-3　丛枝菌根真菌对丝棉木根际土壤不同粒径水稳性团聚体含量的影响

处理	水稳性团聚体粒径（mm）					
	＞5	5～2	2～1	1～0.5	0.5～0.25	≤0.25
对照处理	1.50±0.45b	3.00±0.15b	1.68±0.29a	3.91±0.19d	6.79±0.16a	16.95±1.03c
摩西球囊霉	4.09±0.57a	3.15±0.33ab	1.54±0.34a	4.34±0.10c	6.15±0.41b	19.26±0.93b
幼套球囊霉	4.17±0.22a	3.04±0.20b	1.62±0.28a	4.83±0.36b	6.26±0.35b	19.92±1.31b
根内球囊霉	4.13±0.31a	3.42±0.29a	1.81±0.30a	5.33±0.17a	6.19±0.19b	20.87±0.88a

注：同列不同字母代表同一指标不同处理间差异显著（$P \leq 0.05$），数值为均值±标准差（$n = 6$）。

径，接种根内球囊霉和幼套球囊霉均显著增加了土壤团聚体的几何平均直径。接种处理中，接种根内球囊霉对团聚体平均重量直径和几何平均直径的效果最为显著，与对照处理相比增加幅度分别为30.17%和21.47%，说明接种根内球囊霉处理的团聚体水稳定性最优。

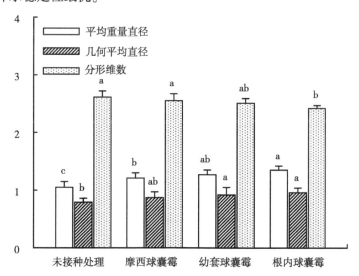

图3-10　不同丛枝菌根真菌对土壤水稳性团聚体平均重量直径、
几何平均直径和分形维数的影响

注：柱上方不同字母代表同一指标不同处理间差异显著（$P \leq 0.05$），数值为
均值±标准差（$n = 6$）。

土壤团粒结构分形维数反映土壤结构和稳定性状况，分形维数越小，土壤的结构与稳定性越好。由图3-10可知，与对照处理相比，根内球囊霉处理分形维数显著降低了6.92%。可见，根内球囊霉能显著增加栗钙土的稳定性，提高其抗侵蚀能力。不同丛枝菌根真菌接种处理对丝棉木根际栗钙土土壤团粒结构的改善作用存在菌种差异，水稳性团聚体的平均重量直径和几何平均直径均表现为根内球囊霉＞幼套球囊霉＞摩西球囊霉。

（五）丛枝菌根真菌定殖状况、球囊霉素含量与水稳性团聚体特征相关性分析

如表3-4所示，丛枝菌根真菌定殖率、菌丝密度、总球囊霉素含量、易提取球囊霉素含量与平均重量直径、几何平均直径和粒径＞0.25 mm土壤水稳性团聚体含量均呈显著正相关关系，与分形维数均呈显著负相关关系，说明丛枝菌根真菌能通过增加根外菌丝和分泌球囊霉素的方式增加土壤平均重量直径、几何平均直径和粒径＞0.25 mm土壤水稳性团聚体含量，降低分形维数，改善土壤团聚体稳定性。

表3-4　丛枝菌根真菌定殖状况、球囊霉素含量与水稳性团聚体特征的相关性分析

指标	丛枝菌根真菌定殖率	菌丝密度	总球囊霉素含量	易提取球囊霉素含量
平均重量直径	0.758 **	0.796 **	0.782 **	0.661 **
几何平均直径	0.509 *	0.496 *	0.535 **	0.501 *
分形维数	−0.450 *	−0.464 *	−0.539 **	−0.533 **
水稳性团聚体含量	0.864 **	0.923 **	0.827 **	0.886 **

注：** 表示相关性极显著（$P \leqslant 0.01$）；* 表示相关性显著（$0.01 < P \leqslant 0.05$）。

四、讨论

本试验利用丛枝菌根真菌—丝棉木的共生体系研究接种3种不同丛枝菌根真菌对丝棉木根际土壤菌丝密度、球囊霉素和有机质含量以及水稳性团聚体数量、稳定性和粒径分布的影响。供试丛枝菌根真菌均能与丝棉木根系形成良好的共生

关系。诸多研究表明，丛枝菌根真菌能通过改善宿主植物水分状况，促进其对营养元素的吸收、生长和生物量积累从而提高宿主植物的耐受性（Wu et al.，2015；Wu et al.，2020），本研究发现接种丛枝菌根真菌处理的丝棉木生物量显著高于未接种处理。

丛枝菌根真菌和宿主植物形成共生体系后，能在根际土壤中形成庞大的菌丝网络，其菌丝体和分泌的球囊霉素被认为是土壤碳库的重要来源，可以直接参与土壤团聚体的形成（Sheng et al.，2017；Parihar et al.，2020）。本研究结果显示，与对照相比，菌根化植物根际土壤有机质、总球囊霉素和易提取球囊霉素含量显著增加。通常丛枝菌根真菌与宿主植物间存在偏好性，显著影响植物群落内的竞争关系，导致植物群落组成改变，进而间接对土壤环境产生影响（Guan et al.，2020；Li et al.，2020a）。在本研究中，相较于其他两种供试丛枝菌根真菌，根内球囊霉处理后丝棉木根际土壤有机质含量增加最多，这与其根系定殖率、根际土壤中菌丝密度、球囊霉素含量较高的结果一致。

作为土壤团聚体主要的有机胶结因子，丛枝菌根真菌在土壤团聚体形成和稳定中作用巨大（Rillig et al.，2015）。丛枝菌根真菌可以在宿主植物根际土壤中形成大量的根外菌丝，起到类似根系的作用，将土壤原生颗粒、有机物和微型团聚体包裹和缠绕，形成大团聚体，从而消除微团聚体形成的空间限制（Rillig et al.，2015）。同时，丛枝菌根真菌根外菌丝分泌的大量球囊霉素可以直接或间接影响土壤团聚体状况（李娜等，2019）。球囊霉素黏结土壤颗粒的能力较强，可以将微团聚体结合成大团聚体，改变粒径＞0.25 mm的水稳性团聚体的分布模式，是水稳性团聚体形成过程中重要的胶结剂，促进土壤水稳态结构的形成（Zhang et al.，2016）。而根外菌丝和球囊霉素对土壤团聚体形成的作用受到宿主植物种类、丛枝菌根真菌种类和培养基质等因素影响（Rillig et al.，2015）。Zhang 等（2016）发现接种根内球囊霉和地表球囊霉两种丛枝菌根真菌可显著提高刺槐根际土壤水稳性团聚体的平均重量直径和几何平均直径。本研究结果显示，与对照处理相比，接种丛枝菌根真菌处理的丝棉木根际土壤平均重量直径和几何平均直径均显著增高，土壤分形维数显著降低，大粒级团聚体和水稳性团聚体数量显著地增加，土壤结构和稳定性得到改善。这与接种丛枝菌根真菌处理对根际土壤菌丝密度、总球囊霉素、易提取球囊霉素含量的影响结果一致，说明接种丛枝菌根真菌处理通过根外菌丝和分泌球囊霉素的方式直接或间接改善土壤团聚体结构（Zhang et al.，2016）。

相关性分析结果表明，丛枝菌根真菌根外菌丝和球囊霉素在丝棉木根际土壤团聚体形成过程中起到关键性作用。丝棉木根系丛枝菌根真菌定殖率、根际土壤菌丝密度、总球囊霉素含量、易提取球囊霉素含量与土壤平均重量直径、几何平均直径、粒径（＞0.25 mm）水稳性团聚体均呈显著或极显著的正相关关系，与分形维数均呈显著或极显著负相关，说明丛枝菌根真菌能通过增加根外菌丝和分泌球囊霉素的方式两种方式改善土壤团聚体稳定性。此外，本研究还发现，3种丛枝菌根真菌接种处理的植物根际土壤有机质含量、总球囊霉素含量、易提取球囊霉素含量、平均重量直径、几何平均直径、粒径（＞0.25 mm）水稳性团聚体含量间存在差异，与丛枝菌根真菌定殖率、根际土壤菌丝密度间的差异基本一致，说明土壤状况的差异是由菌种差异造成的，这可能与菌种与宿主植物间的偏好性有关（Wu et al.，2019；Wu et al.，2020）。

五、小结

综上所述，不同丛枝菌根真菌接种处理对栗钙土土壤团粒结构的改善作用存在差异，水稳性团聚体的平均重量直径和几何平均直径表现为根内球囊霉＞幼套球囊霉＞摩西球囊霉，说明接种根内球囊霉更能增强丝棉木根际栗钙土土壤团聚体的稳定性，使土壤微环境朝着适合植物生长的方向变化。因此，在利用菌根技术进行生态系统修复时，需筛选出最优菌种以获得最佳的修复效应。

第四章　盐胁迫下丛枝菌根真菌对植物
生理生化特征的影响

土壤盐渍化是全球森林生态系统面临的严重问题（Seleiman and Kheir，2018）。青杨广泛分布于盐碱化严重的青海高原地区，对盐渍化生态系统的恢复具有重要意义。盐胁迫在诱发植物细胞失水迫使植物出现生理干旱的同时（Wu et al.，2015），还会引起渗透胁迫（Wu et al.，2016）和离子胁迫（Chen et al.，2017），导致植物死亡。植物物种的死亡和消失会破坏盐渍化生态系统中生产者—消费者—分解者关系的平衡链，缩减基因和物种多样性，诱发生态危机（Tester and Davenport，2003）。植物在盐渍化土壤的生存竞争力除了自身具有的耐盐性外，还可与微生物联合起来形成共生体系共同抵御盐渍化胁迫。受植物种类和根际微环境的影响，丛枝菌根真菌定殖状况也具有一定的差异性，虽然盐渍化生境在一定程度上会对丛枝菌根真菌的形成和功能产生影响，但丛枝菌根真菌仍然广泛存在于盐渍化生境中的不同植物根系，从而增强宿主植物对于盐渍化生境的耐受性。

作为植物体内极为重要的代谢过程，光合作用的强弱对植物抗逆性具有十分重要的影响。盐胁迫对于植物光合作用的影响，首先，降低了植物叶片对于二氧化碳的通透性和可利用性。其次，光合作用主要包括光能的吸收、传递和转化等过程，其中叶绿素吸收光能的过程在植物光合作用过程中发挥了关键性的作用，而盐胁迫能通过抑制与光合色素合成相关的酶活性使叶绿素含量降低。再者，植物光合作用的改变可通过叶绿素荧光动力学参数无损伤和快速地反映出来（Wu et al.，2016），盐胁迫能通过阻碍光系统Ⅰ和光系统Ⅱ的光合电子流、光化学活性以及能量转化率从而影响光反应阶段，破坏光合作用，抑制植物生长（Yang et al.，2009）。此外，盐胁迫的过量添加还会降解光系统Ⅱ反应中心的两种相关蛋白, Chen 等 (2017) 通过研究发现盐胁迫显著影响了与光合作用相关的三个基因的相对表达量。最后,植物叶片结构如气孔和保卫细胞则可通过影响内外环境的感受、信号传导及离子跨膜转运等系列活动,也直接影响着植物的光合作用 (刘婷, 2014)。

为维持正常生理代谢,植物细胞可通过渗透调节降低胞内水势,常见机制为增加胞内溶质积累维持渗透压平衡 (Parihar et al., 2020)。这些相溶性物质主要包括可溶性糖、可溶性蛋白、甘氨酸甜菜碱和脯氨酸等。盐胁迫引起的次级胁迫——氧化胁迫会加剧植物细胞膜质过氧化。正常条件下活性氧 (Reactive oxygen species, ROS) 的形成和清除间保持一种动态平衡,但盐胁迫会破坏该动态平衡,引起植物体内大量活性氧的累积,造成细胞生理生化代谢紊乱,包括植物细胞膜、蛋白质和核苷酸的过氧化损伤 (Rabab and Reda, 2018)。植物体内抗氧化酶类超氧化物歧化酶 (Superoxide Dismutase, SOD)、过氧化物酶 (Peroxidase, POD) 和过氧化氢酶 (Catalase, CAT) 属于活性氧清除系统中的酶促抗氧化剂 (Shahbaz et al., 2017)。超氧化物歧化酶能催化超氧阴离子自由基的歧化反应,清除超氧阴离子自由基;过氧化物酶能将超氧化物歧化酶歧化产物过氧化氢分解成水,消除过量过氧化氢对组织的损伤;过氧化氢酶作为补充成员,可与超氧化物歧化酶偶联,彻底清除植物体内多余的活性氧 (Shahbaz et al., 2017)。三者协同完成植物体内活性氧的清除,减缓其对细胞膜结构和功能造成的损害。

植物细胞内的营养元素平衡对细胞发挥正常生理功能较为重要,破坏营养元素平衡关系不利于植物生理生化过程的进行 (李朕, 2017)。钾离子、钙离子和钠离子的相互关系是植株耐盐性生理机制的关键环节。土壤中过量盐离子的存在会引发植物根系膜内静电变化,减少阳离子的吸收,造成细胞离子平衡失调 (Rahman et al., 2017)。由于钠离子活性高,结合在质膜上的钙离子和钾离子受影响较大,导致钠离子从质膜上置换钙离子和钾离子,因此质膜钙钠离子和钾钠离子比值在一定程度上可表征细胞膜生理功能的变化 (Rahman et al., 2017)。由此可见,调控离子进出和营养元素分配对维持细胞低离子毒害,提高植物耐盐性尤为关键。

盐渍化生境中,丛枝菌根真菌能缓解盐渍化给宿主植物带来的损害。丛枝菌根真菌与宿主植物形成的互惠共生体系能通过增加宿主植物根系的水分吸收和叶片水势,改善蒸腾速率和光合效率,提高光化学能力,增强宿主植物自身对于盐胁迫的耐受性(陈婕,2017;吴娜,2018;张新璐,2020)。Zuccarini 和 Okurowska(2008)发现在盐胁迫条件下,异形根孢囊霉影响罗勒叶片的叶绿素荧光参数并显著提高了叶片的最大光化学效率。丛枝菌根真菌与宿主植物形成的共生体系能增加宿主植物体内亲水性溶质的含量,激活抗氧化酶系统,清除活性氧,降低脂质过氧化,缓解氧化损伤,改变根冠比,增加生物量积累,协助宿主植物形成更好的盐渍化防御体系(Porcel et al.,2012;Wu et al.,2016)。Evelin 等(2013)发现盐胁迫条件下,接种异形根孢囊霉可通过增加宿主植物胡卢巴内甘氨酸甜菜碱的含量提高细胞渗透压,使细胞在面临生理干旱时仍能保持水分,提高宿主植物对盐胁迫的耐受性。丛枝菌根真菌具有丰富和细小的菌丝,可扩大植物根系吸收面积,协助宿主植物吸收营养,加强植物、土壤和丛枝菌根真菌真菌间的物质交换,从而提高宿主植物的耐盐性。Watts-Williams 和 Cavagnaro(2014)发现盐胁迫条件下,接种异形根孢囊霉显著增加了番茄对土壤中大量和微量元素的吸收,增强了番茄对盐渍化环境的耐受性。

本章主要从 4 个角度阐明丛枝菌根真菌提高宿主植物耐盐性的生理性机制。第一,通过研究盐胁迫条件下,接种丛枝菌根真菌对青杨生长指标、生物量、耐盐系数、根系系统参数和叶片气孔保卫细胞特性等的影响,探讨丛枝菌根真菌对青杨生长状况和根系叶片形态特征的作用;第二,通过研究盐胁迫条件下,接种丛枝菌根真菌对青杨气体交换参数、叶绿素荧光参数、相对含水量和水分利用效率等的影响,探讨丛枝菌根真菌对青杨光合效应和水分状况的作用;第三,通过研究盐胁迫条件下,接种丛枝菌根真菌对青杨渗透调节物质含量、活性氧清除系统、脂质过氧化作用、电解质渗透率及抗氧化酶活性的影响,探讨丛枝菌根真菌对青杨渗透调节和抗氧化能力的作用;第四,通过研究盐胁迫条件下,接种丛枝菌根真菌对青杨营养元素和离子含量的影响,探讨丛枝菌根真菌对青杨营养吸收和离子平衡的作用。

一、试验材料

供试植物：供试植物选用一年生的青杨 60 株（雄株），插穗长 18 cm、直径 1.2 cm，扦插前用 0.05%高锰酸钾消毒 12 h，蒸馏水洗 3 次。本试验所用扦插条采自青海省西宁市大通县。

供试菌种：本研究采用北京市农林科学院植物营养与资源研究所提供的异形根孢囊霉 Schenck & Smith （BGC BJ09）菌剂，包含菌丝、孢子（50 个·g^{-1}）、根段及扩繁基质。使用白三叶草（*Trifolium repens*）扩繁。

培养基质：采自杨树人工林场表层土壤（0～20 cm）。土壤的理化性质为：pH 值为 7.6 ［土壤（g）：水（mL）为 1：5］，土壤速效氮含量 37.31 mg·kg^{-1}，速效磷含量 12.30 mg·kg^{-1}，速效钾含量 132.21 mg·kg^{-1}，有机质含量 18.74 g·kg^{-1}，过 2 mm 筛，0.11 MPa、121 ℃灭菌 2 h 后使用。

二、试验设计

试验处理包括三因素：①接种处理：未接种外源丛枝菌根真菌和接种外源异形根孢囊霉；②盐胁迫处理：未施加盐胁迫（0 mmol·L^{-1}）和施加盐胁迫（75 mmol·L^{-1}）。浓度较低，盐胁迫效果不明显；浓度超过 100 mmol·L^{-1}后，20 d 便逐渐死亡。每个处理 15 盆。在试验开始时，将培养基质（4 kg·盆$^{-1}$）装入 4.5 L 塑料盆中，于培养基质中心＜10 cm 处接入菌剂和青杨扦插条。试验处理分为接种处理（20 g·盆$^{-1}$）和未接种处理（加等量灭菌菌剂）。接种后 30 d 维持水分正常供应（扦插条在春夏季节达到生长状态良好且基本一致所需的时间为 30 d），每周浇灌 200 mL 霍格兰氏营养液确保营养元素供应。之后，每两天灌氯化钠溶液 15 mmol·L^{-1}，5 次达最终浓度。盐胁迫持续 1 个月后，青杨根系长满塑料盆，青杨生长达到平台期，进行收获。

第一节　丛枝菌根真菌对青杨生长状况和形态特征的影响

一、指标测定

(一) 青杨根系菌根定殖率和菌根依赖度的测定

采用放大交叉法 (McGonigle et al., 1990) 测定菌根定殖率。将青杨细根染色后剪成 1 cm 根段, 平行放置于载玻片横轴上镜检。显微镜坐标尺每次移动相同距离观察根段与目镜的十字准线交叉情况。按公式菌根依赖度 (%) = (菌根化青杨干重/对照青杨干重) ×100%计算菌根依赖度 (Graham and Syvertsen, 1989)。

(二) 生长指标的测定

生长指标的测定分别在盐胁迫开始和结束阶段进行。随机选取 6 盆植株, 用卷尺 (0.1 cm) 测株高, 用游标卡尺 (0.01 mm) 测地径, 用 1 cm^2 的坐标纸测量叶面积, 用 SPAD 仪 (502 型, 柯尼卡美能达公司, 东京, 日本) 测叶绿素含量 (顶端第五叶片)。

(三) 生物量的测定

盐胁迫结束后, 随机选取 6 盆植株, 把各样品按根、茎、叶分开, 测鲜重, 之后置于烘箱 70 ℃烘干至恒重, 通过地下部分与地上部分干重的比率计算出根冠比。

(四) 耐盐系数的测定

盐胁迫期间, 每天观察, 以扦插条出现黄叶作为盐害症状, 盐害症状出现前在 75 mmol · L^{-1} 盐胁迫条件下生长的天数乘以百分比浓度即为耐盐系数。

(五) 根系系统参数的测定

随机选取 6 盆植株, 用蒸馏水将完整新鲜的根系仔细清洗干净。随后利用 RhizoScan 原位根系扫描仪 (J221A 型, 精工爱普生公司, 日本) 扫描青杨根系系统获取扫描参数, 主要包括: 根长 (Root length, RL)、根体积 (Root volume, RV)、根表面积 (Root surface area, RSA) 及根尖数 (Root tips number, RTN)。

（六）气孔及保卫细胞特征测定

气孔及保卫细胞特征采用印迹法。随机选 6 盆植株，将每盆植株从顶端第四或第五叶片上下表皮距叶脉 1 cm 处轻刷透明指甲油，静置数分钟，用镊子取下薄膜，置于载玻片，加水，盖盖玻片。每叶上下表皮取 3 块薄膜，显微镜拍照，图像处理软件 Image J 测定保卫细胞及气孔的长度和密度。

（七）数据处理

利用生物统计软件 SPSS（V17.0）（统计分析软件公司，芝加哥，美国）分析统计数据。数据采用 Duncan 测试（$P \leqslant 0.05$）和双因素分析进行处理，并用 SigmaPlot 10.0 软件绘图。双因素方差分析用于分析盐分胁迫和接种处理对青杨影响的显著水平。

二、结果与分析

（一）青杨根系菌根结构、丛枝菌根真菌定殖率和菌根依赖度

如图 4-1 所示，青杨根系能形成典型的丛枝菌根真菌结构泡囊和丛枝。在盐分条件下，青杨根系泡囊定殖率有所降低，菌丝定殖率和总定殖率均无显著差

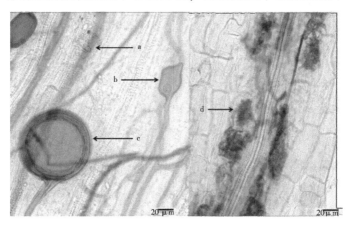

a. 菌丝；b. 泡囊；c. 孢子；d. 丛枝。

图 4-1　青杨根系丛枝菌根真菌的典型结构

异。在对照和盐胁迫处理中青杨根系总定殖率为 89.09% 和 88.03%（表 4-1）。由图 4-1 可知，在没有盐胁迫的条件下，青杨菌根依赖度为 105.80%；盐胁迫条件下，青杨菌根依赖度为 119.71%。双因素方差分析表明，青杨菌根依赖度受到盐分胁迫的显著影响。

表 4-1　不同盐分条件下青杨根系菌根定殖状况

项目		盐浓度（mmol·L⁻¹）		P 值
		0	75	
定殖率（%）	泡囊	31.40±8.22	24.20±6.03	NS
	丛枝	27.59±8.67	32.43±4.22	NS
	菌丝	88.87±6.75	86.12±3.07	NS
总定殖率		89.09±5.22	88.03±5.11	NS
菌根依赖度（%）		105.80±10.22b	119.71±8.99a	**

注：0 mmol·L⁻¹：没有盐胁迫；75 mmol·L⁻¹：存在盐胁迫；**：差异极显著 $P \leqslant 0.01$；NS：差异不显著 $P > 0.05$。每行中不同字母代表不同处理间差异显著（$P \leqslant 0.05$），数值为均值±标准差（$n = 6$）。

（二）丛枝菌根真菌对青杨生长指标的影响

如表 4-2 所示，盆栽条件下，盐分胁迫显著降低了青杨的生长指标。盐胁迫条件下，与未接种处理相比，接种丛枝菌根真菌显著增加了青杨株高、地径、叶绿素含量和叶面积，增加的比例分别为 39.85%、44.06%、6.72% 和 20.83%。双因素方差分析表明，青杨生长指标受到盐分胁迫和接种处理的显著影响。

表 4-2　不同盐分条件下丛枝菌根真菌对青杨生长指标的影响

处理	盐浓度（mmol·L⁻¹）	株高（cm·d⁻¹）	地径（10⁻²mm·d⁻¹）	叶绿素含量	叶面积（cm²）
NM	0	0.790 5±0.164 5b	4.363 2±1.073 1a	50.445 3±1.295 7a	18.930 1±2.134 3b
	75	0.323 5±0.185 2c	2.141 8±0.096 5c	46.526 8±0.986 6b	14.051 6±3.843 1c
AM	0	1.149 7±0.234 0a	4.962 9±0.736 3a	51.546 5±1.075 5a	21.035 1±2.170 6a
	75	0.452 4±0.112 6c	3.085 4±0.812 3b	49.654 8±0.864 3a	16.979 0±1.222 6ab
$P_{盐胁迫}$		**	**	**	*

（续表）

处理	盐浓度 （mmol·L^{-1}）	株高 （cm·d^{-1}）	地径 （10^{-2}mm·d^{-1}）	叶绿素含量	叶面积 （cm^2）
$P_{丛枝菌根真菌}$		*	**	*	**
$P_{盐胁迫×丛枝菌根真菌}$		**	NS	NS	NS

注：NM：未接种丛枝菌根真菌；AM：接种丛枝菌根真菌；0 mmol·L^{-1}：没有盐胁迫；75 mmol·L^{-1}：存在盐胁迫；**：差异极显著 $P \leqslant 0.01$；*：差异显著 $0.01 < P \leqslant 0.05$；NS：差异不显著 $P > 0.05$。每列中不同字母代表不同处理间差异显著（$P \leqslant 0.05$），数值为均值±标准差（$n = 6$）。

（三）丛枝菌根真菌对青杨生物量的影响

盆栽条件下，盐胁迫显著降低了青杨地上、地下和总生物量积累。盐胁迫条件下，与未接种处理相比，接种异形根孢囊霉显著增加了青杨地上、地下和总生物量的积累，增加的百分比分别为41.18%、15.01%和33.33%。由此可见，丛枝菌根真菌对青杨生物量的促进效果较为明显。由表4-3可知，盐胁迫显著增加了青杨根冠比。盐胁迫条件下，和未接种处理相比，接种异形根孢囊霉降低了根冠比，降低的百分比为16.28%。双因素方差分析表明，青杨生物量受到盐分胁迫的显著影响；地上和总生物量受到接种处理的显著影响。

表4-3 不同盐分条件下丛枝菌根真菌对青杨生物量的影响

处理	盐浓度 （mmol·L^{-1}）	地上生物量 （g）	地下生物量 （g）	总生物量 （g）	根冠比 （%）
NM	0	12.35±1.18a	4.94±0.58ab	17.29±1.31a	36.21±3.37a
	75	9.01±1.05c	2.71±0.98c	11.72±0.81c	40.22±5.88a
AM	0	13.79±1.50a	5.02±0.91a	18.81±2.37a	29.48±7.31b
	75	11.23±0.57b	2.77±0.47c	14.00±0.97b	24.54±3.38b
$P_{盐胁迫}$		**	**	**	NS
$P_{丛枝菌根真菌}$		**	NS	**	NS
$P_{盐胁迫×丛枝菌根真菌}$		NS	NS	NS	NS

注：NM：未接种丛枝菌根真菌；AM：接种丛枝菌根真菌；0 mmol·L^{-1}：没有盐胁迫；75 mmol·L^{-1}：存在盐胁迫；**：差异极显著 $P \leqslant 0.01$；*：差异显著 $0.01 < P \leqslant 0.05$；NS：差异不显著 $P > 0.05$。每列中不同字母代表不同处理间差异显著（$P \leqslant 0.05$），数值为均值±标准差（$n = 6$）。

（四）丛枝菌根真菌对青杨雌株和雄株耐盐系数的影响

盐胁迫条件下，青杨叶片出现黄化和萎蔫，由此作为青杨自身的盐害症状。本研究发现，丛枝菌根真菌可延缓青杨叶片出现黄化和萎蔫的时间。未接种丛枝菌根真菌的处理中，青杨黄叶的出现时间在 20 d 左右，而接种丛枝菌根真菌至少将盐害症状推迟了 5 d（表4-4）。同时，丛枝菌根真菌显著提高了青杨耐盐系数。

表4-4　丛枝菌根真菌对青杨耐盐系数的影响

处理	75 mmol·L^{-1}盐胁迫天数（d）		耐盐系数
	黄叶出现时间	萎蔫出现时间	
NM	20	22～23	0.09
AM	29	31～32	0.13

注：NM：未接种丛枝菌根真菌；AM：接种丛枝菌根真菌。

（五）丛枝菌根真菌对青杨根系特性的影响

如表4-5所示，盆栽条件下，与对照植株相比，盐胁迫显著降低了青杨根系系统的根长、根体积、根表面积及根尖数。盐胁迫条件下，与未菌根化青杨相比，菌根化青杨的根长、根表面积、根体积和根尖数均有所提高，且提高的百分比分别为28.44%、9.30%、11.79%和49.18%。双因素方差分析表明，青杨根系系统参数受到盐分胁迫和接种处理的显著影响。

表4-5　不同盐分条件下丛枝菌根真菌对青杨根系系统参数的影响

处理	盐浓度（mmol·L^{-1}）	根长 10^4（cm）	根体积（cm^3）	根表面积 10^3（cm^2）	根尖数 10^4
NM	0	2.09±0.01a	29.87±2.19b	2.55±0.05a	7.96±0.33b
	75	1.09±0.01c	13.82±1.34d	1.61±0.17c	2.44±0.46d
AM	0	2.13±0.09a	33.21±2.01a	2.45±0.10a	8.28±0.48a
	75	1.40±0.07b	15.45±1.77c	1.76±0.12b	3.64±0.71c
$P_{盐胁迫}$		**	**	**	**
$P_{丛枝菌根真菌}$		**	**	**	**

（续表）

处理	盐浓度 （mmol·L⁻¹）	根长 10⁴ （cm）	根体积 （cm³）	根表面积 10³（cm²）	根尖数 10⁴
$P_{盐胁迫×丛枝菌根真菌}$	**	NS	*	*

注：NM：未接种丛枝菌根真菌；AM：接种丛枝菌根真菌；0 mmol·L⁻¹：没有盐胁迫；75 mmol·L⁻¹：存在盐胁迫；**：差异极显著 $P \leqslant 0.01$；*：差异显著 $0.01 < P \leqslant 0.05$；NS：差异不显著 $P > 0.05$。每列中不同字母代表不同处理间差异显著（$P \leqslant 0.05$），数值为均值±标准差（$n=6$）。

（六）丛枝菌根真菌对青杨气孔及保卫细胞特征的影响

如表 4-6 所示，盆栽条件下，盐胁迫显著降低了青杨叶片的气孔密度和下表皮气孔长度。盐胁迫条件下，与未接种处理相比，接种丛枝菌根真菌降低了青杨上表皮气孔密度（18.54%）和下表皮气孔密度（18.38%），显著增加了上表皮气孔长度（21.58%）。双因素方差分析表明，气孔密度受到盐分胁迫的显著影响；上表皮气孔密度和上表皮气孔长度受到接种处理的显著影响。如表 4-7 所示，盆栽条件下，盐胁迫显著缩小了青杨叶片保卫细胞的长度和面积。盐胁迫条件下，与未接种处理相比，接种丛枝菌根真菌增加了青杨雄株上表皮保卫细胞面积（20.46%）、下表皮保卫细胞面积（8.64%）和上表皮保卫细胞长度（9.15%）。双因素方差分析表明，青杨保卫细胞面积和下表皮保卫细胞长度受到盐分胁迫的显著影响；青杨上表皮保卫细胞长度受到接种处理的显著影响；上表皮保卫细胞面积受到接种处理的显著影响。

表 4-6 不同盐分条件下丛枝菌根真菌对青杨叶片气孔特征的影响

处理	盐浓度 （mmol·L⁻¹）	气孔密度（cm⁻²）		气孔长度（μm）	
		上表皮	下表皮	上表皮	下表皮
NM	0	8 381±1 125a	20 544±821b	20.86±2.60abc	19.39±2.33bc
	75	7 800±330b	19 002±1 609b	19.56±2.40c	18.63±1.49c
AM	0	6 906±1 202c	23 220±2 568a	22.97±1.73a	21.84±1.56a
	75	6 354±310d	15 510±1 387c	21.35±1.78ab	19.39±1.48bc
$P_{盐胁迫}$		0.000**	0.024*	0.198ᴺˢ	0.006**
$P_{丛枝菌根真菌}$		0.000**	0.217ᴺˢ	0.031*	0.144ᴺˢ

（续表）

处理	盐浓度 (mmol·L⁻¹)	气孔密度（cm⁻²）		气孔长度（μm）	
		上表皮	下表皮	上表皮	下表皮
$P_{盐胁迫×丛枝菌根真菌}$		0.000**	0.003**	0.775^{NS}	0.140^{NS}

注：NM：未接种丛枝菌根真菌；AM：接种丛枝菌根真菌；0 mmol·L⁻¹：没有盐胁迫；75 mmol·L⁻¹：存在盐胁迫；**：差异极显著 $P \leqslant 0.01$；*：差异显著 $0.01 < P \leqslant 0.05$；NS：差异不显著 $P > 0.05$。每列中不同字母代表不同处理间差异显著（$P \leqslant 0.05$），数值为均值±标准差（$n=6$）。

表 4-7　不同盐分条件下丛枝菌根真菌对青杨叶片保卫细胞特性的影响

处理	盐浓度 (mmol·L⁻¹)	保卫细胞面积（μm）		保卫细胞长度（μm）	
		上表皮	下表皮	上表皮	下表皮
NM	0	73.15±2.60b	103.36±5.94a	29.06±1.59a	26.63±0.84ab
	75	68.85±2.60c	85.81±8.43c	24.60±1.82b	25.42±1.09b
AM	0	81.99±5.93a	103.28±6.57a	28.30±2.42a	28.07±2.18a
	75	82.94±2.49a	93.22±2.71b	27.35±3.13ab	28.32±3.88a
$P_{盐胁迫}$		0.006**	0.000**	0.152^{NS}	0.034*
$P_{丛枝菌根真菌}$		0.000**	0.391^{NS}	0.020*	0.193^{NS}
$P_{盐胁迫×丛枝菌根真菌}$		0.000**	0.000**	0.097*	0.316^{NS}

注：NM：未接种丛枝菌根真菌；AM：接种丛枝菌根真菌；0 mmol·L⁻¹：没有盐胁迫；75 mmol·L⁻¹：存在盐胁迫；**：差异极显著 $P \leqslant 0.01$；*：差异显著 $0.01 < P \leqslant 0.05$；NS：差异不显著 $P > 0.05$。每列中不同字母代表不同处理间差异显著（$P \leqslant 0.05$），数值为均值±标准差（$n=6$）。

三、讨论

植物对盐胁迫的初始响应机制为调节自身生长速率，主要表现在植物株高、地径和叶面积减少等方面。本研究发现青杨根系丛枝菌根真菌定殖率较高，且在盐胁迫条件下，青杨呈现出较高的菌根依赖度，说明杨树是丛枝菌根真菌较为合适的宿主植物（Liu et al., 2014b）。盐胁迫环境中丛枝菌根真菌对宿主植物生物量的积极效应较为显著，可通过改变生物量分配影响宿主植物地上部分至地下部分的运输过程（Sheng et al., 2009）。盐胁迫条件下青杨叶片出现黄化和萎蔫，而丛枝菌根真菌延缓了青杨叶片出现黄化和萎蔫的时间，这可能是由于丛枝菌根真菌能更好将盐离子阻隔在青杨根部，阻碍盐离子向地上部分转运，降低青杨叶片中的盐离子浓度，减缓盐离子对叶片的损伤，将盐害症状推迟（Chen et al.，2017）。

植物根系受盐渍化和丛枝菌根真菌侵染的显著影响，本研究发现盐胁迫显著降低了宿主植物的根长、根体积、根表面积及根尖数，表明植物根系受到了一定程度的盐胁迫损害。植物自身可通过调整根长和根表面积提高整个根系系统的吸收和生存能力，更好地适应盐渍化生境（Contreras-Cornejo et al.，2014）。在盐胁迫条件下，和未菌根化植株相比，菌根化的植株具有更为发达的根系系统，能更好地从土壤中吸收水分，这也是丛枝菌根真菌提高宿主植物耐盐性的机制之一（Tian et al.，2013）。

植物叶片属于对环境变化敏感且可塑性较大的器官，叶片气孔和保卫细胞可通过诸多变化调控植物光合和蒸腾作用，提高植物抗逆性（刘婷，2014；李朕，2017）。Hajiboland 等（2010）发现盐胁迫条件下，接种异形根孢囊霉显著提高了番茄叶片的气孔导度。本研究结果表明在没有盐胁迫的条件下，接种丛枝菌根真菌显著增加了青杨上表皮气孔密度和雄株保卫细胞面积，降低了下表皮气孔密度，说明丛枝菌根真菌在一定程度上改变了青杨叶片上气体与水分的交换通道。盐胁迫条件下，接种丛枝菌根真菌显著降低了植株上表皮气孔密度和雄株的下表皮气孔密度，显著增加了上表皮气孔长度和保卫细胞面积，说明菌根化植株可通过调节宿主植物叶片气孔密度、长度和保卫细胞面积控制其水分蒸腾作用，提高其对盐渍化生境的适应能力。

第二节　丛枝菌根真菌对青杨光合效应和水分状况的影响

一、指标测定

（一）气体交换参数及水分利用效率测定

测定在盐胁迫结束阶段前一周进行，时间 8:30—11:30。随机选 6 盆植株，

Li-6400 便携式光合仪（利科公司，林肯，美国）测每盆植株顶端第五完全展开叶的气体交换参数。测量参数设置如下：相对湿度为 50%；光强度为 1 400 mmol·m^{-2}·s^{-1}；叶片和气体的压差为 1.5 kPa±0.5 kPa；样室内二氧化碳的浓度为 350 mmol·L^{-1}±5 mmol·L^{-1}；叶片温度为 25 ℃。

（二）叶绿素荧光参数测定

测定时间在盐胁迫结束阶段前进行。室温条件下，随机选 6 盆植株，将每盆植株从顶端第四或第五片完全展开叶用调制叶绿素荧光仪（PAM）（便携型，沃尔兹公司，昆罗伊特，德国）测叶绿素荧光参数。测定前将所测植株于暗室中暗适应 30 min，对所选叶片测定暗适应条件下初始荧光（Fo）、最大荧光（Fm）、光适应条件下初始荧光（Fo′）、稳态荧光（Fs）和最大荧光（Fm′），最终由相应公式计算叶绿素荧光参数。

（三）叶片相对含水量的测定

测定时间在盐胁迫结束阶段。随机选取 6 盆植株，所测叶片为每盆植株从顶端第四或第五片完全展开叶。计算公式如下：

叶片相对含水量（%）=（叶片鲜重-叶片干重）/（叶片总重-叶片干重）×100
其中：

叶片总重：黑暗条件下将叶片浸入蒸馏水中 24 h 使得叶片吸水成饱和状态时的鲜重；叶片干重：置于 85 ℃烘箱中 24 h 后称量干重。

（四）数据处理

利用生物统计软件 SPSS（V17.0）（统计分析软件公司，芝加哥，美国）分析统计数据。数据采用 Duncan 测试（$P \leqslant 0.05$）和双因素分析进行处理，并用 SigmaPlot 10.0 软件绘图。双因素方差分析用于分析盐分胁迫和接种处理对青杨影响的显著水平。

二、结果与分析

（一）丛枝菌根真菌对青杨气体交换参数的影响

盐分胁迫降低青杨的净光合速率、气孔导度、胞间二氧化碳浓度和蒸腾速率

（表 4-8）。盐胁迫条件下，与未接种处理相比，接种异形根孢囊霉显著提高了青杨叶片的净光合速率（12.51%）并降低了蒸腾速率（42.86%）。双因素方差分析结果表明，青杨的胞间二氧化碳浓度并未受到接种处理的显著影响；青杨气体交换参数受到盐分胁迫的显著影响。

表 4-8　不同盐分条件下 AMF 对青杨气体交换参数的影响

处理	盐浓度 (mmol · L^{-1})	净光合速率 ($\mu mol \cdot m^{-2} \cdot s^{-1}$)	气孔导度 ($mol \cdot m^{-2} \cdot s^{-1}$)	胞间二氧化碳浓度 ($\mu mol \cdot m^{-2} \cdot s^{-1}$)	蒸腾速率 ($mmol \cdot m^{-2} \cdot s^{-1}$)
NM	0	16.84±1.75ab	0.39±0.04b	303.52±4.67a	7.61±0.31a
	75	13.64±0.56c	0.26±0.01c	287.85±11.59b	6.98±0.83a
AM	0	18.23±1.47a	0.48±0.02a	304.54±10.06a	6.55±1.34a
	75	15.35±0.80b	0.27±0.01c	301.59±8.93ab	4.00±0.51b
$P_{盐胁迫}$		**	**	**	**
$P_{丛枝菌根真菌}$		**	**	NS	**
$P_{盐胁迫×丛枝菌根真菌}$		NS	**	NS	NS

注：NM：未接种丛枝菌根真菌；AM：接种丛枝菌根真菌；0 mmol · L^{-1}：没有盐胁迫；75 mmol · L^{-1}：存在盐胁迫；**：差异极显著 $P \leq 0.01$；*：差异显著 $0.01 < P \leq 0.05$；NS：差异不显著 $P > 0.05$。每列中不同字母代表不同处理间差异显著（$P \leq 0.05$），数值为均值±标准差（$n = 6$）。

（二）丛枝菌根真菌对青杨叶绿素荧光参数的影响

如表 4-9 所示，盐分胁迫显著降低青杨叶片的非光化学荧光淬灭系数和光化学荧光淬灭系数。盐胁迫条件下，与未接种处理相比，接种异形根孢囊霉显著增加了青杨叶片的非光化学荧光淬灭系数、光化学荧光淬灭系数和光系统Ⅱ的最大量子产量。双因素方差分析表明，青杨叶片的叶绿素荧光参数受到盐分胁迫的显著影响。

表 4-9　不同盐分条件下丛枝菌根真菌对青杨叶片叶绿素荧光参数的影响

处理	盐浓度 (mmol · L^{-1})	非光化学荧光淬灭系数 qN	光化学荧光淬灭系数 qP	最大量子产量 Fv/Fm	实际光化学量子产量 ΦPSⅡ
NM	0	0.61±0.01a	0.93±0.02b	0.75±0.01a	0.58±0.01a
	75	0.45±0.04c	0.88±0.02d	0.71±0.01c	0.54±0.01b

（续表）

处理	盐浓度（mmol·L^{-1}）	非光化学荧光淬灭系数 qN	光化学荧光淬灭系数 qP	最大量子产量 Fv/Fm	实际光化学量子产量 ΦPSII
AM	0	0.64±0.02a	0.95±0.01a	0.75±0.01a	0.58±0.01a
	75	0.52±0.02b	0.90±0.01c	0.73±0.01b	0.57±0.00a
P$_{盐胁迫}$		**	**	**	*
P$_{丛枝菌根真菌}$		**	**	**	*
P$_{盐胁迫×丛枝菌根真菌}$		**	NS	**	NS

注：NM：未接种丛枝菌根真菌；AM：接种丛枝菌根真菌；0 mmol·L^{-1}：没有盐胁迫；75 mmol·L^{-1}：存在盐胁迫；**：差异极显著 $P \leqslant 0.01$；*：差异显著 $0.01 < P \leqslant 0.05$；NS：差异不显著 $P > 0.05$。每列中不同字母代表不同处理间差异显著（$P \leqslant 0.05$），数值为均值±标准差（$n = 6$）。

（三）丛枝菌根真菌对青杨水分状况的影响

接种和盐分胁迫处理均显著增加了青杨的水分利用效率（WUEi）（表4-10）。盐分胁迫下，与未接种处理相比，接种丛枝菌根真菌对青杨水分利用效率增加的百分比为14.70%。盐胁迫条件下，青杨叶片的相对含水量均显著降低，然而接种异形根孢囊霉能够增加青杨叶片的相对含水量，尤其是在盐胁迫条件下效果更为明显。盐分胁迫下，与未接种处理相比，丛枝菌根真菌对青杨叶片相对含水量增加的百分比为12.27%。双因素方差分析表明，青杨水分利用效率和叶片相对含水量受到盐分胁迫和接种处理的显著影响。

表4-10　不同盐分条件下丛枝菌根真菌对青杨水分状况的影响

处理	盐浓度（mmol·L^{-1}）	水分利用效率（mmol·m^{-2}·s^{-1}）	叶片相对含水量（%）
NM	0	35.12±6.28c	73.45±4.33b
	75	52.21±3.54b	62.04±5.34c
AM	0	46.72±2.77b	79.11±4.98a
	75	59.88±3.44a	69.65±5.22b
P$_{盐胁迫}$		**	**

（续表）

处理	盐浓度 （mmol·L^{-1}）	水分利用效率 （mmol·m^{-2}·s^{-1}）	叶片相对含水量 （%）
$P_{丛枝菌根真菌}$	**	**	
$P_{盐胁迫×丛枝菌根真菌}$	**	**	

注：NM：未接种丛枝菌根真菌；AM：接种丛枝菌根真菌；0 mmol·L^{-1}：没有盐胁迫；75 mmol·L^{-1}：存在盐胁迫；**：差异极显著 $P \leqslant 0.01$。每列中不同字母代表不同处理间差异显著（$P \leqslant 0.05$），数值为均值±标准差（$n = 6$）。

三、讨论

丛枝菌根真菌对于宿主植物光合效应的提升有诸多原因。首先，叶片中过量钠离子和氯离子的累积会降低植物气孔和叶肉细胞的细胞膜对二氧化碳的通透性，进而影响二氧化碳在叶肉细胞中的扩散，从而降低宿主植物的光合效应（Shelke et al.，2017）。净光合速率、气孔导度气体交换参数是逆境生境下植物自身生理敏感度的重要指征（Xu et al.，2008b）。丛枝菌根真菌对青杨净光合速率和胞间二氧化碳浓度的影响是正面的，但 Yang 等（2014）发现接种丛枝菌根真菌显著降低了刺槐叶片细胞间的二氧化碳浓度，增加了蒸腾速率。Chen 等（2017）研究发现盐胁迫条件下，接种异形根孢囊霉显著提高了宿主植物的净光合速率和胞间二氧化碳浓度。本研究发现盐胁迫条件下，接种异形根孢囊霉显著提高了宿主植物的净光合速率和气孔导度，因此，研究者认为丛枝菌根真菌对于植物净光合速率的提高很大程度上是通过提高二氧化碳的气孔导度和增强叶片的净光合速率来实现。

叶片释放的叶绿素荧光通过复杂过程反映植物的光合能力。其中，非光化学淬灭系数可以表征植物过热光能转化为热能的能力，反映了植物的光保护作用；光化学淬灭系数则是由光合作用引起的荧光淬灭，可以表征植物光合活性的高低；叶绿素荧光参数光系统Ⅱ的最大量子产量既可以表征植物潜在的最大光合能力，同时也可以反映植物在逆境生境中受到的损伤程度；光系统Ⅱ的实际量子产量则能够反映植物的实际光合作用能力（刘婷，2014）。前期诸多研究表明光系

统 Ⅱ 光化学效率的维持与植物对于盐胁迫的适应性密切相关（Hajiboland et al.，2010；Porcel et al.，2016；Chen et al.，2017）。Chen 等（2017）通过研究发现在 200 mmol·L⁻¹氯化钠胁迫下，接种丛枝菌根真菌显著提高了宿主植物叶片光化学淬灭系数、光系统 Ⅱ 的最大量子产量和实际量子产量。Li 等（2020b）发现接种异形根孢囊霉能够显著提高丝棉木的非光化学淬灭系数和光系统 Ⅱ 的实际量子产量，且在 100 mmol·L⁻¹氯化钠胁迫下协助效应最为显著。本研究结果表明，盐胁迫显著降低了青杨非光化学淬灭系数、光化学淬灭系数、光系统 Ⅱ 的最大量子产量和光系统 Ⅱ 的实际量子产量，说明盐离子对植物的光化学活性具有毒害效应（Shelke et al.，2017）。盐胁迫条件下，接种丛枝菌根真菌显著提高了非光化学淬灭系数、光化学淬灭系数和光系统 Ⅱ 的最大量子产量，说明丛枝菌根真菌－植物共生体系的形成显著提高了宿主植物叶片叶绿体捕获光能的效率、光系统 Ⅱ 的光催化能力以及光系统 Ⅱ 反应中心的能量循环，缓解了盐胁迫对于宿主植物造成的损伤（陈婕，2017）。盐胁迫耐受性和光合作用的维持正相关（Hajiboland et al.，2010），接种丛枝菌根真菌处理的光系统 Ⅱ 较为稳定，说明菌根化植株的光保护能力较强，叶片的光合作用受到伤害的程度较轻，对盐胁迫的耐受性较强。由此可见，丛枝菌根真菌的有益效应在非生物逆境胁迫条件下较为显著。

水分利用效率能反映植物能量转换效率，且和气孔导度相关。非生物逆境的存在可增加植物的水分利用效率，这也是植物适应环境的必要策略。Chen 等（2017）发现，接种丛枝菌根真菌能显著增加宿主植物的水分利用效率。丛枝菌根真菌对净光合速率的增加幅度显著高于气孔导度，表明盐胁迫条件下气孔可能受到限制。气孔导度的降低可有效控制水分流失和增加水分利用效率，说明丛枝菌根真菌能通过有效改善内部水分状况提高青杨对盐胁迫的耐受性。细胞水分缺乏可引发系列生理后果，相对含水量能较好衡量植物内部水分状况（刘婷，2014；李朕，2017）。盐胁迫可显著降低植物维持体内水分状况的能力，这与 Chen 等（2017）的研究结果类似。本研究发现丛枝菌根真菌显著增加了宿主植物叶片的相对含水量，这可能是丛枝菌根真菌亲水性菌丝的存在使其能有效协助植株将水分从土壤转移至根系。通过丛枝菌根真菌菌丝吸收并向植物根系运输水分的方式属于质外体运输途径，由于质外体途径具有移动阻力小、速度快的特性，加快了宿主植物吸收水分的速率（Bárzana et al.，2012）。

第三节　丛枝菌根真菌对青杨渗透调节物质和抗氧化能力的影响

一、指标测定

(一) 渗透调节物质的测定

可溶性糖含量的测定采用改进版的蒽酮硫酸法（按照要求添加相应试剂）。在添加蒽酮-硫酸试剂时，将试管置于冰水浴并沿管壁缓缓加入，待全部添加完后摇匀。100 ℃水浴 10 min，冷却至室温，使用紫外分光光度计（1240 型，岛津公司，东京，日本）测 620 nm 波长处的吸光度值。以吸光度为纵坐标，糖溶液为横坐标，绘制标准曲线。取上述还原糖剩余样品溶液稀释 20 倍，取 2 mL 与标准管同步操作，记录 620 nm 波长处的吸光度值，计算得出结果（高俊凤，2006）。

可溶性蛋白质含量的测定采用改进版的考马斯亮蓝 G-250 染色法（按照要求添加相应试剂）。盖上玻璃塞，将溶液混匀，放置 3 min，使用紫外分光光度计测定 595 nm 波长处的吸光度值（1 h 内完成比色）。以吸光度为纵坐标，牛血清蛋白含量为横坐标，绘制标准曲线。称取组织样品 0.2 g 放入研钵（添加少许石英砂和蒸馏水），研磨成匀浆，转至 10 mL 容量瓶。蒸馏水反复冲洗研钵 3 次，合并清洗液至容量瓶，将匀浆液吸取 3 mL 于离心管内，5 000 r·min⁻¹ 离心 10 min，上清液即为所需蛋白质提取液。将 0.1 mL 蛋白质提取液、0.9 mL 蒸馏水、5 mL 考马斯亮蓝 G-250 混匀，放置 2 min，于 595 nm 波长比色读取吸光值，计算得出结果（高俊凤，2006）。

脯氨酸含量的测定采用改进版茚三酮比色法（按照要求添加相应试剂）。沸水浴 30 min，冷却，加 5 mL 甲苯摇匀萃取，避光静置 4 h 分层，吸甲苯层，以 1 号管为空白对照，使用紫外分光光度计测 520 nm 波长处的吸光度值。以吸光度值为纵坐标，脯氨酸含量为横坐标，绘制标准曲线。取 0.2 g 待测青杨叶片或根系置于具塞试管中，加 5 mL 3%的磺基水杨酸溶液，加盖沸水浴 15 min，冷却，用定性滤纸过滤。吸取 2 mL 滤液测定脯氨酸含量，计算得出结果（高俊凤，2006）。

甜菜碱含量的测定采用改进版的雷式盐比色法。精确称取甜菜碱对照品 0.1 g，用蒸馏水溶解至 10 mL 容量瓶定容，即为 10.0 g·L⁻¹ 甜菜碱标准液。分别精确移取甜菜碱标准液 0.4 mL、0.6 mL、0.8 mL、1.0 mL、1.2 mL、10 mL 比色管，冷水浴 10 min。之后分别加入 6 mL 新配制 2.5%的雷式盐溶液，冷水浴放置 3 h。漏斗过滤后，用少量冰水洗涤沉淀，抽干，残渣用 70%丙酮溶解并转至 10 mL 容量瓶定容。以 70%丙酮作空白对照，测 525 nm 处的吸光度值。以浓度（C）为纵坐标，吸光度值（A）为横坐标，绘制标准曲线。称取组织粉末 2.0 g，加 80%甲醇 50 mL，75 ℃回流提取 1 h，放冷过滤；用 80%甲醇 30 mL 分次洗涤合并滤液和洗液，浓缩至 10 mL；用盐酸调节 pH 值至 1，加入活性炭 1.0 g，加热煮沸放冷过滤；用 15 mL 水分次洗涤合并滤液，加 2.5%雷式盐溶液 20 mL，搅匀，10 ℃以下 3 h；用漏斗过滤，并用少量冰水洗涤沉淀，抽干后，残渣用 70%丙酮溶解，并转移至 25 mL 容量瓶中，加入 70%丙酮至刻度，摇匀，作为甜菜碱供试品。最后根据相关公式计算出甜菜碱含量（高俊凤，2006）。

（二）脂质过氧化和电解质渗透率的测定

丙二醛含量的测定采用改进版的硫代巴比妥酸法。随机选取 6 盆植株，取青杨组织，洗净擦干，剪成 0.5 cm 长的小段，混匀；称取样品 0.3 g 置于冰浴后的研钵中。之后向其中加入 2 mL 0.05 mmol·L⁻¹ 磷酸缓冲液和少许石英砂，快速充分研磨成匀浆。将匀浆转移至新离心管，再用 3 mL 上述磷酸缓冲液冲洗研钵两次，合并提取液。向上述提取液中加入 5 mL 0.5%的硫代巴比妥酸溶液，混匀沸水浴 10 min，之后放入冷水浴；3 000 r·min⁻¹ 离心 15 min，取上清液量其体积。以 0.5%的硫代巴比妥酸溶液为空白，测提取液于 532 nm、600 nm 和 450 nm 波长处的吸光度值，计算得出结果。

电解质渗透率用电导仪测定。用氯化钠配制浓度为 0 μg·mL⁻¹、10 μg·mL⁻¹、20 μg·mL⁻¹、40 μg·mL⁻¹、60 μg·mL⁻¹、80 μg·mL⁻¹、100 μg·mL⁻¹ 标准液，测电导率。以氯化钠浓度为横坐标，以电导率为纵坐标，绘制标准曲线。随机选取 6 盆植株，将每盆植株从顶端的第四、第五、第六、第七叶片完全展开叶剪下，用纱布拭净，称取两份于水杯，重量为 2 g。一份放在 40 ℃ 恒温箱萎蔫 0.5～1 h，另一份放在室温下作为对照。之后分别用蒸馏水冲洗并用洁净滤纸吸干；使用打孔器将叶片打 N 个直径 1 cm 小圆片放入烧杯，用玻璃棒将其压住，向杯中注入 20 mL 蒸馏水浸没叶片；用真空干燥器抽气 8 min；将抽气后小烧杯取出，静置 20 min，之后用玻璃棒缓缓搅动，用电导仪测定电导率；沸水浴 15 min，冷却 10 min，电导仪测定电导率，计算得出结果。

（三）活性氧含量的测定

过氧化氢含量的测定采用改进版的丙酮法（按照要求添加相应试剂）。待沉淀溶解充分，转入 10 mL 容量瓶，之后用蒸馏水少量多次冲洗。合并洗涤液至 10 mL 容量瓶内，使用紫外分光光度计测 415 nm 波长处吸光度值。以过氧化氢浓度为横坐标，吸光度值为纵坐标，绘制标准曲线。称取样品 4 g 放入研钵，按提取剂与样品 1∶1 加少许石英砂和预冷丙酮研磨成浆置于离心管，3 000 r·min⁻¹ 离心 10 min，取上清液；吸取样品提取液 1 mL，按照表 4-5 进行操作。用丙酮将沉淀反复洗涤 5 次，彻底去除植物色素。之后加入硫酸溶解，比色，计算得出结果。

超氧阴离子自由基含量的测定采用改进版的对氨基苯磺酸法（按照要求添加相应试剂）。加盖混匀，30 ℃ 水浴 30 min，使用紫外分光光度计测 530 nm 波长处的吸光度值。以吸光度值为纵坐标，亚硝酸根离子含量为横坐标，绘制标准曲线。称取样品 3 g 放入研钵，添加 pH 值 7.8、浓度 65 mmol·L⁻¹ 磷酸缓冲液研磨，定容 10 mL 容量瓶，纱布过滤，滤液 10 000 r·min⁻¹ 离心 10 min，取上清。3 支试管中加入 2 mL 上清液、1.5 mL 磷酸缓冲液及 0.5 mL 盐酸羟胺，混匀 25 ℃ 水浴 20 min。从中各取反应液 2 mL，加入另外 3 支试管并向其中添加 2 mL 17 mmol·L⁻¹ 对氨基苯磺酸和 2 mL 7 mmol·L⁻¹ α-萘胺，混匀 30 ℃ 水浴 30 min，530 nm 波长比色读取吸光值。

（四）抗氧化酶活性的测定

超氧化物歧化酶活性的测定采用改进版的氯化硝基四氮唑蓝光还原法。称取青杨组织样品 0.5 g 放入预冷研钵，添加 2 mL 预冷磷酸缓冲液（内含聚乙烯吡咯烷酮）研磨，转移至 10 mL 容量瓶。之后用其冲洗研钵 3 次（每次 1.5 mL），合并提取液，定容。取 5 mL 提取液 4 ℃ 10 000 r·min^{-1}离心 15 min，取上清。测定 3 支、光下处理 3 支、暗中处理 1 支，按照要求添加相应试剂。暗处理试管需用黑色硬纸套来遮光。反应结束用黑布罩遮盖终止反应。以暗处理试管为对照，测定 560 nm 波长下其余试管吸光度值，计算得出结果。

过氧化物酶活性的测定采用愈创木酚法（按照要求添加相应试剂）。加盖混匀，使用紫外分光光度计测 470 nm 波长处的吸光度值。以吸光度值为纵坐标，标准液浓度为横坐标，绘制标准曲线。称取青杨叶片或根系 1 g 放入预冷研钵，添加碳酸钙、蒸馏水及少许石英砂进行研磨，定容 50 mL 容量瓶内，离心，取上清；3 支试管加入 1 mL 酶液、1 mL 0.1% 愈创木酚、6.9 mL 蒸馏水及 1 mL 0.18% 过氧化氢摇匀（另外 3 支类似但不添加 0.18% 过氧化氢），摇匀，25 ℃ 反应 10 min，以 0.2 mL 5% 偏磷酸终止反应。

过氧化氢酶活性的测定采用改进版的紫外吸收法。称取青杨叶片或者根系 1 g 放入预冷研钵，添加磷酸缓冲液和少许石英砂研磨入 10 mL 容量瓶，用磷酸缓冲液冲洗研钵 3 次，合并提取液，定容。取 5 mL 提取液置于离心管，4 ℃ 15 000 r·min^{-1}离心 15 min，上清液即为过氧化氢酶粗提液，4 ℃ 备用。取 5 支 20 mL 具塞刻度试管编号，1 支试管中加入 2 mL 煮死酶提取液冷却备用，4 支试管中按照要求添加相应试剂；将 4 支试管 25 ℃ 水浴 3 min，之后添加 0.2 mL 200 mmol·L^{-1}过氧化氢溶液。加入立即测定在 240 nm 波长下的吸光度值，每隔 30 s 处进行读数，历时 3 min，记录吸光度值并计算。

（五）数据处理

利用生物统计软件 SPSS（V17.0）（统计分析软件公司，芝加哥，美国）分析统计数据。数据采用 Duncan 测试（$P \leqslant 0.05$）和双因素分析进行处理，并用 SigmaPlot 10.0 软件绘图。双因素方差分析用于分析盐分胁迫和接种处理对青杨影响的显著水平。

二、结果与分析

(一) 丛枝菌根真菌对青杨渗透调节物质含量的影响

如表4-11所示，盆栽条件下，盐胁迫显著增加青杨体内可溶性糖和可溶性蛋白含量。盐胁迫条件下，与未接种处理相比，接种异形根孢囊霉显著增加了青杨根系和叶片可溶性糖含量，增加的百分比分别为17.26%和11.80%；也显著增加了根系和叶片可溶性蛋白含量，增加的百分比分别为7.14%和1.91%。青杨叶片可溶性糖和可溶性蛋白含量高于根部，说明上述渗透调节物质主要积累于叶片中。双因素方差分析表明，青杨可溶性糖和可溶性蛋白含量受到盐分胁迫和接种处理的显著影响。如表4-12所示，盆栽条件下，盐胁迫显著增加了青杨体内脯氨酸和甘氨酸甜菜碱含量。盐胁迫条件下，与未接种处理相比，接种异形根孢囊霉显著增加了青杨根系和叶片脯氨酸含量，增加的百分比分别为26.76%和11.94%；也显著增加了根系和叶片甘氨酸甜菜碱含量，增加的百分比分别为18.54%和6.25%。青杨叶片脯氨酸和甘氨酸甜菜碱含量高于根部，说明二者主要积累于叶片中。双因素方差分析表明，青杨体内脯氨酸和甘氨酸甜菜碱含量受到盐分胁迫和接种处理的显著影响。

表4-11 不同盐分条件下丛枝菌根真菌对青杨可溶性糖和蛋白含量的影响

处理	盐浓度 (mmol·L^{-1})	可溶性糖含量 (μg·g^{-1}DW)		可溶性蛋白含量 (μg·g^{-1}DW)	
		根系	叶片	根系	叶片
NM	0	0.85±0.17d	8.96±1.97c	42.42±4.45c	392.64±10.53c
	75	1.97±0.17b	15.68±0.67b	69.35±1.73b	517.35±7.21b
AM	0	1.01±0.16c	9.35±0.68c	44.35±3.68c	408.71±11.32c
	75	2.31±0.27a	17.53±0.92a	74.30±2.31a	527.21±8.38a
$P_{盐胁迫}$		**	**	**	**
$P_{丛枝菌根真菌}$		**	*	**	**
$P_{盐胁迫×丛枝菌根真菌}$		**	*	**	**

注：NM：未接种丛枝菌根真菌；AM：接种丛枝菌根真菌；0 mmol·L^{-1}：没有盐胁迫；75 mmol·L^{-1}：存在盐胁迫；**：差异极显著 $P \leq 0.01$；*：差异显著 $0.01 < P \leq 0.05$。每列中不同字母代表不同处理间差异显著 ($P \leq 0.05$)，数值为均值±标准差 ($n=6$)。

表4-12 不同盐分条件下丛枝菌根真菌对青杨脯氨酸和甘氨酸甜菜碱含量的影响

处理	盐浓度 （mmol·L⁻¹）	脯氨酸含量 （mg·g⁻¹FW）		甘氨酸甜菜碱含量 （μg·g⁻¹DW）	
		根系	叶片	根系	叶片
NM	0	7.40±0.26d	17.23±1.79c	11.53±3.45c	29.46±3.44c
	75	19.62±0.62b	35.32±2.76b	26.65±1.88b	79.67±3.52b
AM	0	9.65±0.95c	18.45±2.78c	13.24±2.65c	25.78±3.65d
	75	24.87±1.52a	39.54±2.46a	31.59±3.65a	84.65±2.99a
$P_{盐胁迫}$		**	**	**	**
$P_{丛枝菌根真菌}$		**	**	**	**
$P_{盐胁迫×丛枝菌根真菌}$		**	**	*	**

注：NM：未接种丛枝菌根真菌；AM：接种丛枝菌根真菌；0 mmol·L⁻¹：没有盐胁迫；75 mmol·L⁻¹：存在盐胁迫；**：差异极显著 $P≤0.01$；*：差异显著 $0.01<P≤0.05$。每列中不同字母代表不同处理间差异显著（$P≤0.05$），数值为均值±标准差（$n=6$）。

（二）丛枝菌根真菌对青杨脂质过氧化和电解质渗透率的影响

如表4-13所示，盆栽条件下，盐胁迫显著增加了青杨体内的丙二醛含量。盐胁迫条件下，与未接种处理相比，接种异形根孢囊霉显著降低了青杨根系丙二醛含量，增加了叶片丙二醛含量。此外，青杨叶片的丙二醛含量高于根系。双因素方差分析表明，青杨体内丙二醛含量受接种处理和盐分胁迫的显著影响。盆栽条件下，盐分胁迫显著增加了青杨叶片的电解质渗透率，说明盐胁迫给青杨体内带来了一定的损伤。盐胁迫条件下，与未接种处理相比，接种异形根孢囊霉显著降低了青杨叶片的相对电解质渗透率。双因素方差分析表明，青杨叶片相对电解质渗透率受到接种处理和盐分胁迫的显著影响。

表4-13 不同盐分条件下丛枝菌根真菌对青杨丙二醛含量的影响

处理	盐浓度 （mmol·L⁻¹）	丙二醛浓度 （μmol·mg⁻¹FW）		相对电解质渗透（%）
		根系	叶片	
NM	0	2.044 1±0.121 5b	2.015 0±0.681 9c	23.02±1.99c
	75	2.866 1±0.159 9a	4.433 8±0.145 6b	36.01±2.61a

（续表）

处理	盐浓度 （mmol·L^{-1}）	丙二醛浓度（μmol·mg^{-1}FW）		相对电解质 渗透（%）
		根系	叶片	
AM	0	1.630 1±0.170 4c	2.460 0±0.560 7c	19.01±1.35d
	75	2.176 4±0.175 8b	5.108 3±0.117 0a	31.00±2.98b
$P_{盐胁迫}$		**	**	**
$P_{丛枝菌根真菌}$		**	**	**
$P_{盐胁迫×丛枝菌根真菌}$		NS	*	**

注：NM：未接种丛枝菌根真菌；AM：接种丛枝菌根真菌；0 mmol·L^{-1}：没有盐胁迫；75 mmol·L^{-1}：存在盐胁迫；**：差异极显著 $P \leqslant 0.01$；*：差异显著 $0.01 < P \leqslant 0.05$；NS：差异不显著 $P > 0.05$。每列中不同字母代表不同处理间差异显著（$P \leqslant 0.05$），数值为均值±标准差（$n = 6$）。

（三）丛枝菌根真菌对青杨超氧阴离子自由基和过氧化氢含量的影响

如表4-14所示，盆栽条件下，盐胁迫显著增加青杨体内超氧阴离子自由基和过氧化氢含量。盐胁迫条件下，与未接种处理相比，接种异形根孢囊霉降低了青杨根系过氧化氢和超氧阴离子自由基的含量，降低的百分比分别为10.28%和9.63%，增加了青杨叶片过氧化氢和超氧阴离子自由基的含量，增加的百分比为9.74%和10.53%。青杨叶片中过氧化氢和超氧阴离子自由基高于根系。双因素方差分析表明，青杨体内超氧阴离子自由基和过氧化氢含量受到接种处理和盐分胁迫的显著影响。

表4-14　不同盐分条件下丛枝菌根真菌对青杨超氧阴离子自由基和过氧化氢含量的影响

处理	盐浓度 （mmol·L^{-1}）	过氧化氢含量 （μmol·g^{-1}FW）		超氧阴离子自由基 （μmol·min^{-1}·mg^{-1}FW）	
		根系	叶片	根系	叶片
NM	0	276.93±8.05c	295.56±15.03d	65.90±1.87d	87.07±1.61d
	75	363.17±10.30a	512.76±13.10b	89.86±1.80a	113.36±2.65b
AM	0	265.96±6.28c	314.46±15.86c	70.13±2.21c	97.44±3.78c
	75	325.81±8.36b	562.68±14.24a	81.21±1.46b	125.29±15.93a

（续表）

处理	盐浓度（mmol·L⁻¹）	过氧化氢含量（μmol·g⁻¹FW）		超氧阴离子自由基（μmol·min⁻¹·mg⁻¹FW）	
		根系	叶片	根系	叶片
$P_{盐胁迫}$		**	**	**	**
$P_{丛枝菌根真菌}$		*	**	**	**
$P_{盐胁迫×丛枝菌根真菌}$		NS	*	**	*

注：NM：未接种丛枝菌根真菌；AM：接种丛枝菌根真菌；0 mmol·L⁻¹：没有盐胁迫；75 mmol·L⁻¹：存在盐胁迫；**：差异极显著 $P \leqslant 0.01$；*：差异显著 $0.01 < P \leqslant 0.05$；NS：差异不显著 $P > 0.05$。每列中不同字母代表不同处理间差异显著（$P \leqslant 0.05$），数值为均值±标准差（$n = 6$）。

（四）丛枝菌根真菌对青杨抗氧化酶活性的影响

盆栽条件下，盐胁迫显著增加了青杨体内的超氧化物歧化酶、过氧化物酶和过氧化氢酶活性。盐胁迫条件下，与未接种处理相比，接种异形根孢囊霉显著增加了青杨根系超氧化物歧化酶（47.82%）、过氧化物酶（22.76%）和叶片超氧化物歧化酶（18.00%）、过氧化物酶（16.58%）活性（表4-15，表4-16）。由此可见，丛枝菌根真菌对青杨根部和叶片超氧化物歧化酶、过氧化物酶和过氧化氢酶活性的影响存在性别差异。双因素方差分析表明，所有指标受到接种处理的显著影响，青杨体内超氧化物歧化酶、过氧化物酶和过氧化氢酶活性受到盐分胁迫的显著影响。

表4-15 不同盐分条件下丛枝菌根真菌对青杨根系抗氧化酶活性的影响

处理	盐浓度（mmol·L⁻¹）	超氧化物歧化酶（U·mg⁻¹蛋白）	过氧化物酶（U·mg⁻¹蛋白）	过氧化氢酶（U·mg⁻¹蛋白）
NM	0	0.15±0.01d	2.48±0.25c	0.034±0.003c
	75	0.23±0.03b	3.12±0.31b	0.055±0.003b
AM	0	0.18±0.02c	2.92±0.35b	0.030±0.003c
	75	0.34±0.02a	3.83±0.19a	0.062±0.003a
$P_{盐胁迫}$		**	*	**
$P_{丛枝菌根真菌}$		**	**	**

（续表）

处理	盐浓度 （mmol · L^{-1}）	超氧化物歧化酶 （U · mg^{-1}蛋白）	过氧化物酶 （U · mg^{-1}蛋白）	过氧化氢酶 （U · mg^{-1}蛋白）
$P_{盐胁迫×丛枝菌根真菌}$		*	NS	**

注：NM：未接种丛枝菌根真菌；AM：接种丛枝菌根真菌；0 mmol · L^{-1}：没有盐胁迫；75 mmol · L^{-1}：存在盐胁迫；**：差异极显著 $P \leqslant 0.01$；*：差异显著 $0.01 < P \leqslant 0.05$；NS：差异不显著 $P > 0.05$。每列中不同字母代表不同处理间差异显著（$P \leqslant 0.05$），数值为均值±标准差（$n = 6$）。

表 4-16　不同盐分条件下丛枝菌根真菌对青杨叶片抗氧化酶活性的影响

处理	盐浓度 （mmol · L^{-1}）	超氧化物歧化酶 （U · mg^{-1}蛋白）	过氧化物酶 （U · mg^{-1}蛋白）	过氧化氢酶 （U · mg^{-1}蛋白）
NM	0	0.27±0.01c	3.79±0.27c	0.046±0.004b
	75	0.50±0.03b	5.97±0.26b	0.094±0.003a
AM	0	0.29±0.02c	4.13±0.30c	0.041±0.002b
	75	0.59±0.01a	6.96±0.43a	0.090±0.002a
$P_{盐胁迫}$		*	**	**
$P_{丛枝菌根真菌}$		*	**	NS
$P_{盐胁迫×丛枝菌根真菌}$		NS	**	NS

注：NM：未接种丛枝菌根真菌；AM：接种丛枝菌根真菌；0 mmol · L^{-1}：没有盐胁迫；75 mmol · L^{-1}：存在盐胁迫；**：差异极显著 $P \leqslant 0.01$；*：差异显著 $0.01 < P \leqslant 0.05$；NS：差异不显著 $P > 0.05$。每列中不同字母代表不同处理间差异显著（$P \leqslant 0.05$），数值为均值±标准差（$n = 6$）。

三、讨论

盐胁迫条件下，接种丛枝菌根真菌可增加青杨内渗透调节物质的积累，提高内源抗氧化酶活性，有效降低细胞膜脂过氧化水平，保护青杨细胞免受过氧化损伤，增加青杨对盐渍化环境的耐受性。盐胁迫能减弱植物水分吸收能力，增加植物细胞渗透势，降低植物生物量，引发次级胁迫——渗透胁迫（陈婕，2017）。作为渗透调节物质，可溶性糖和蛋白对植物渗透潜能的贡献率达50%，可为有机物的合成提供物质和能量，并在渗透保护、碳库储存和自由基清除过程中起主要作用（Parihar et al.，2020）。二者的增加可在胁迫恢复时以氮或碳元素形式贮藏利用，该类物质的积累是植物对盐胁迫的积极响应策略之一（Parihar et al.，2020）。可溶性糖可维持植物细胞渗透平衡，防止可溶性蛋白结构变化并保护膜完整性。接种丛枝菌根真菌可加强宿主植物内糖和蛋白类物质的合成，诱导某些新物质产生和基因表达，这些新物质和基因可通过参与渗透调节或其他途径提高宿主植物耐盐性（Wang et al.，2019）。

　　作为一种渗透保护物质，脯氨酸在维持细胞蛋白功能和膜稳定性过程中扮演了关键角色，植株通常会通过增加自身脯氨酸的含量以提高自身对盐胁迫的耐受性（Moin et al.，2017）。本研究发现，菌根化植株脯氨酸的积累多于非菌根化植株，表明脯氨酸积累是植物响应丛枝菌根真菌的策略之一。甘氨酸甜菜碱也在植物渗透调节中发挥着重要作用。本研究发现盐胁迫条件下，青杨体内甘氨酸甜菜碱的含量迅速升高，且菌根化青杨甜菜碱含量高于未菌根化青杨，说明接种丛枝菌根真菌有利于宿主植物体内甘氨酸甜菜碱的积累，可将较多无机渗透调节剂挤向液泡，维持细胞内外环境的渗透平衡（Hidri et al.，2016）。胆碱单氧化酶（GMO）和甜菜碱醛脱氢酶（BADH）是甘氨酸甜菜碱代谢过程中的两类重要酶类，可解除高浓度盐对酶活性的毒害，保护细胞内转录机制的完整性，维持叶绿体的有氧呼吸链和能量代谢途径，还能稳定光系统Ⅱ外周多肽，跨越叶绿体被膜、细胞膜和类囊体膜，维持细胞光合作用（Talaat and Shawky，2014a）。Hashem 等（2015）发现，盐胁迫条件下，丛枝菌根真菌可通过显著增加黍属植物（*Panicum turgidum*）甘氨酸甜菜碱的含量提高其对盐渍化环境的耐受性。

　　盐胁迫会损伤植株细胞质膜的结构和功能，导致细胞膜透性增大和电解质外渗。电解质渗透率越高，表明植物叶片受损越严重（Wu et al.，2016）。盐胁迫条件下，青杨体内电解质渗透率显著升高，而接种丛枝菌根真菌使电解质渗透率降低，与 Agami（2014）的研究结果一致，这可能是由于接种丛枝菌根真菌能提高青杨体内可溶性蛋白质量分数，增加细胞质膜的稳定性，降低电解质渗透率。脂质过氧化是盐胁迫环境中衡量植物质膜和渗透损伤的指标（Swapnil et al.，2018）。盐胁迫会增加植株体内的丙二醛浓度，在未菌根化植株中尤为明显（Swapnil et al.，2018）。盐胁迫条件下，丛枝菌根真菌能显著降低青杨叶片丙二醛浓度，说明菌根化植株的耐盐性显著高于未菌根化植株。

盐胁迫诱导了青杨超氧阴离子自由基和过氧化氢含量的积累，扰乱了阴离子自由基和过氧化氢的动态平衡，对细胞膜合成过程中的生物小分子造成后续氧化损伤（Kapoor et al.，2013）。植物通过各种方式设置某种屏障避开或减少逆境对植物组织造成的损伤，即为逃避效应（Niu et al.，2018）。丛枝菌根真菌的丛枝和根内菌丝可阻碍植株部分过氧化氢的产生，菌根共生体的形成可影响活性氧在植物不同器官中的积累程度（Talaat and Shawky，2014b）。丛枝菌根真菌的菌丝可从根系和根际两方面调节宿主植物体内的过氧化氢含量，但丛枝菌根真菌对超氧阴离子自由基和过氧化氢分泌过程的具体调节机制尚需研究。众所周知，活性氧系统中的成员可作为防御响应及其他生理过程的信号分子，但盐胁迫条件下丛枝菌根真菌是否可以激活根系中过氧化氢信号还未可知。

丛枝菌根真菌可以增强宿主植物内部的抗氧化酶活性，协助宿主植物应对盐胁迫条件中活性氧的毒害，增强宿主植物的耐盐性。反之，信号分子活性氧的增加可诱导植物内抗氧化酶系统的表达（Chen et al.，2020）。为更好了解盐胁迫条件下细胞对渗透损伤的应对程度，本章节测定了活性氧清除酶类超氧化物歧化酶、过氧化物酶和过氧化氢酶（Wang et al.，2017）。菌根化植物体内超氧化物歧化酶（超氧阴离子自由基的清除）和过氧化氢酶活性（过氧化氢的清除）显著高于未菌根化植物，说明丛枝菌根真菌能激活抗氧化酶系统，阻止活性氧的过量积累，增强宿主植物自身的保护机制（Chen et al.，2020）。

第四节　丛枝菌根真菌对青杨营养元素和离子含量的影响

一、指标测定

（一）盐离子含量的测定

以铬酸钾溶液作指示剂，用硝酸银溶液测植物氯离子含量：称取 8.5 g 硝酸银，用蒸馏水溶解稀释至 1 L；称取 0.3 g 氯化钠于小烧杯中，用蒸馏水溶解完全转移至 100 mL 容量瓶定容。移液管移取 20 mL 氯化钠溶液于 250 mL 锥形瓶，加 20 mL 蒸馏水和 1 mL 5%铬酸钾溶液，用上述配制的硝酸银溶液滴定至溶液呈现微红色为终点。平行 6 份，计算硝酸银溶液的准确浓度并绘制标准曲线。植物组织经过研磨粉碎后利用上述方法测出所消耗的硝酸银溶液体积，并根据标准曲线计算出样品中氯离子含量。

将植物组织烘干至恒重，粉碎机粉碎后过 0.15 mm 尼龙筛，称取 0.2 g 植物粉末至 50 mL 锥形瓶，加 10 mL 浓硝酸，盖上小漏斗并低温加热 30 min；冷却后再加 2 mL 60% 高氯酸溶液，低温加热使瓶内白烟消失，待溶液无色透明时停止加热，冷却定容 25 mL，0.45 μm 滤膜过滤。平行重复 6 次后，使用火焰原子吸收光谱法测定钠离子含量（Wildeet al.，1985）。

（二）碳元素、氮元素和磷元素含量的测定

将植物样品置于 85 ℃烘干至恒重，粉碎机粉碎后测定碳元素、氮元素和磷元素含量。碳元素含量用重铬酸钾–外加热法测定；用浓硫酸–过氧化氢消煮的方法测定植物氮元素和磷元素含量，用凯氏定氮仪（TM8400 型，福斯科贸有限公司，北京，中国）测定氮元素含量的消煮液，用高氯酸–硫酸消化–钼锑抗比色法测定磷元素含量的消煮液。

（三）钾离子、钙离子和镁离子含量的测定

植物组织预处理：将植物组织烘干至恒重，粉碎机粉碎后过 0.15 mm 尼龙筛，称取 0.2 g 植物粉末至 50 mL 锥形瓶，加 10 mL 浓硝酸，盖小漏斗并低温加热 30 min；冷却后再加 2 mL 60% 高氯酸溶液，低温加热使瓶内白烟消失，待溶液无色透明时停止加热，冷却定容 25 mL，0.45 μm 滤膜过滤。平行重复 6 次后，使用火焰原子吸收光谱法测定钾离子、钙离子和镁离子含量（Wilde et al.，1985）。

（四）数据处理

利用生物统计软件 SPSS（V17.0）（统计分析软件公司，芝加哥，美国）分析统计数据。数据采用 Duncan 测试（$P \leqslant 0.05$）和双因素分析进行处理，并用 SigmaPlot 10.0 软件绘图。双因素方差分析用于分析盐分胁迫和接种处理对青杨影响的显著水平。

二、结果与分析

（一）丛枝菌根真菌对青杨钠离子和氯离子含量的影响

该研究发现盆栽条件下，盐胁迫显著增加了青杨体内钠离子和氯离子含量。盐胁迫条件下，与未接种青杨相比，接种异形根孢囊霉显著降低了青杨根和叶中的钠离子含量，也显著降低了青杨根、茎和叶中的氯离子含量。由此可见，丛枝菌根真菌通过将盐离子富集于菌丝内从而降低宿主植株体内的盐离子浓度，减缓离子毒害效应。钠离子和氯离子在青杨体内的聚集部位存在显著差异，钠离子主要聚集在青杨根系，而氯离子主要聚集在青杨叶片。双因素方差分析表明，青杨叶片钠离子和氯离子含量、茎部氯离子含量和根部钠离子含量受到接种处理的显著影响；所有指标均受到盐分胁迫的显著影响。

（二）丛枝菌根真菌对青杨碳元素、氮元素和磷元素含量的影响

如表4-17和表4-18所示，盆栽条件下，盐胁迫降低了青杨根系和叶片的碳元素、氮元素和磷元素含量。盐胁迫条件下，土壤溶液中过量的钠离子和氯离子会抑制青杨营养元素的吸收，与未接种青杨相比，接种异形根孢囊霉增加了青杨根系碳元素（17.69%）、氮元素（11.99%）、磷元素（16.91%）和叶片碳元素（15.88%）、氮元素（5.30%）、磷元素（6.25%）含量。这可能是由于丛枝菌根真菌自身菌丝扩大了宿主植物根系和土壤溶液的接触面积，增加了宿主植物对碳元素、氮元素和磷元素的吸收。双因素方差分析表明，除根系氮元素含量外，其余指标均受到接种处理的显著影响；所有指标均受到盐分胁迫的显著影响。

表4-17 不同盐分条件下丛枝菌根真菌对青杨根系碳元素、氮元素和磷元素含量的影响

处理	盐浓度 （mmol·L^{-1}）	碳含量 （mg·g^{-1} DW）	氮含量 （mg·g^{-1} DW）	磷含量 （mg·kg^{-1} DW）
NM	0	153.43±10.53a	5.55±0.15a	360.10±10.58a
	75	111.54±8.35c	4.42±0.43c	247.01±8.55c

（续表）

处理	盐浓度 （mmol·L^{-1}）	碳含量 （mg·g^{-1} DW）	氮含量 （mg·g^{-1} DW）	磷含量 （mg·kg^{-1} DW）
AM	0	135.54±7.43b	5.45±0.24a	354.52±13.43a
	75	131.27±9.75b	4.95±0.25b	288.78±11.34b
$P_{盐胁迫}$		**	**	**
$P_{丛枝菌根真菌}$		**	NS	**
$P_{盐胁迫×丛枝菌根真菌}$		**	NS	**

注：NM：未接种丛枝菌根真菌；AM：接种丛枝菌根真菌；0 mmol·L^{-1}：没有盐胁迫；75 mmol·L^{-1}：存在盐胁迫；**：差异极显著 $P \leqslant 0.01$；NS：差异不显著 $P > 0.05$。每列中不同字母代表不同处理间差异显著（$P \leqslant 0.05$），数值为均值±标准差（$n=6$）。

表 4-18　不同盐分条件下丛枝菌根真菌对青杨叶片碳元素、氮元素和磷元素含量的影响

处理	盐浓度 （mmol·L^{-1}）	碳含量 （mg·g^{-1} DW）	氮含量 （mg·g^{-1} DW）	磷含量 （mg·kg^{-1} DW）
NM	0	173.43±9.23a	8.84±0.15a	380.01±9.42a
	75	140.44±7.34d	8.09±0.23c	293.11±12.30c
AM	0	157.34±10.62c	8.13±0.14c	374.51±12.35a
	75	162.74±8.33b	8.52±0.24b	311.42±15.41b
$P_{盐胁迫}$		**	**	**
$P_{丛枝菌根真菌}$		**	**	**
$P_{盐胁迫×丛枝菌根真菌}$		**	**	**

注：NM：未接种丛枝菌根真菌；AM：接种丛枝菌根真菌；0 mmol·L^{-1}：没有盐胁迫；75 mmol·L^{-1}：存在盐胁迫；**：差异极显著 $P \leqslant 0.01$。每列中不同字母代表不同处理间差异显著（$P \leqslant 0.05$），数值为均值±标准差（$n=6$）。

（三）丛枝菌根真菌对青杨钾离子、钙离子和镁离子含量的影响

如表 4-19 和表 4-20 所示，青杨根系和叶片钾离子、钙离子和镁离子含量在盐分胁迫和接种处理间存在一定规律。盆栽条件下，和碳元素、氮元素和磷元素含量的变化趋势不同，盐胁迫显著增加了青杨体内的钾离子和钙离子的含量，这可能是青杨自身通过增加钾离子和钙离子含量提高渗透势促进水分吸收以应对盐

渍化环境所致镁离子含量的变化趋势与钾离子和钙离子含量不同，盐胁迫对青杨镁离子含量的影响不显著。盐胁迫条件下，与未接种处理相比，接种异形根孢囊霉增加了青杨根系钾离子、钙离子和镁离子的含量，增加的百分比分别为12.71%、29.86%和2.24%，显著降低了青杨叶片钙离子含量，降低的百分比为14.33%。接种丛枝菌根真菌对青杨体内镁离子含量无显著影响，且对根部钙离子含量的促进效果比钾离子和镁离子含量明显。双因素方差分析表明，青杨钾离子、钙离子和镁离子含量受到盐分胁迫和接种处理的显著影响。

表 4-19　不同盐分条件下丛枝菌根真菌对青杨根系钾离子、钙离子和镁离子含量的影响

处理	盐浓度 （mmol · L^{-1}）	钾离子含量 （mg · g^{-1} DW）	钙离子含量 （mg · g^{-1} DW）	镁离子含量 （mg · g^{-1} DW）
NM	0	23.91±2.53c	19.91±2.33c	7.81±0.44a
	75	28.57±3.35b	23.91±2.84b	3.59±0.63b
AM	0	21.12±2.43c	19.29±3.22c	7.91±0.23a
	75	32.20±2.75a	31.05±2.35a	4.39±0.53b
$P_{盐胁迫}$		**	**	**
$P_{丛枝菌根真菌}$		**	**	**
$P_{盐胁迫×丛枝菌根真菌}$		**	**	NS

注：NM：未接种丛枝菌根真菌；AM：接种丛枝菌根真菌；0 mmol · L^{-1}：没有盐胁迫；75 mmol · L^{-1}：存在盐胁迫；**：差异极显著 $P \leqslant 0.01$；NS：差异不显著 $P > 0.05$。每列中不同字母代表不同处理间差异显著（$P \leqslant 0.05$），数值为均值±标准差（$n = 6$）。

表 4-20　不同盐分条件下丛枝菌根真菌对青杨叶片钾离子、钙离子和镁离子含量的影响

处理	盐浓度 （mmol · L^{-1}）	钾离子含量 （mg · g^{-1} DW）	钙离子含量 （mg · g^{-1} DW）	镁离子含量 （mg · g^{-1} DW）
NM	0	18.82±1.65b	9.41±1.63c	2.76±0.18a
	75	21.37±2.54a	26.30±1.52a	2.47±0.27b
AM	0	11.27±1.04c	7.37±2.23c	2.65±0.28ab
	75	20.99±2.64a	22.53±1.52b	2.54±0.15b
$P_{盐胁迫}$		**	**	**
$P_{丛枝菌根真菌}$		*	**	**

（续表）

处理	盐浓度 (mmol·L^{-1})	钾离子含量 (mg·g^{-1} DW)	钙离子含量 (mg·g^{-1} DW)	镁离子含量 (mg·g^{-1} DW)
$P_{盐胁迫×丛枝菌根真菌}$		*	**	**

注：NM：未接种丛枝菌根真菌；AM：接种丛枝菌根真菌；0 mmol·L^{-1}：没有盐胁迫；75 mmol·L^{-1}：存在盐胁迫；**：差异极显著 $P \leqslant 0.01$；*：差异显著 $0.01 < P \leqslant 0.05$。每列中不同字母代表不同处理间差异显著（$P \leqslant 0.05$），数值为均值±标准差（$n = 6$）。

（四）丛枝菌根真菌对青杨离子比率的影响

盐胁迫降低了青杨根系的钾钠离子和钙钠离子比率，这可能是由于盐胁迫条件下青杨体内钠离子含量的增加幅度远高于钾离子和钙离子含量增加的幅度所致。青杨叶片中钾钠离子和钙钠离子比率显著高于根系。盐胁迫条件下，与未接种处理相比，接种丛枝菌根真菌显著增加了青杨根系钾钠离子和钙钠离子比率，增加的百分比分别为 11.43% 和 36.79%；也显著增加了青杨叶片钾钠离子和钙钠离子比率，增加的百分比分别为 27.26% 和 14.15%，这是由于丛枝菌根真菌降低了青杨体内钠离子含量，且该降低程度远高于对钾离子和钙离子含量的影响程度，最终引起青杨根系钾钠离子和钙钠离子比率的增加。本研究发现，异形根孢囊霉对青杨根系钙钠离子比率的增加程度高于根系钾钠离子比率，而对叶片钙钠离子比率的增加程度低于叶片钾钠离子比率。双因素方差分析表明，除叶片钙钠离子比率，其余指标均受到盐分胁迫和接种处理的显著影响。

三、讨论

盐胁迫条件下青杨叶片出现黄化和萎蔫，而接种丛枝菌根真菌延缓了青杨叶片出现黄化和萎蔫的时间，这可能是由于丛枝菌根真菌能更好地将盐离子阻隔在青杨根部，阻碍盐离子向地上部分转运，降低青杨叶片中的盐离子浓度，减缓盐离子对叶片的损伤，将盐害症状推迟（Chen et al., 2017）。由于丛枝菌根真菌的菌丝无横隔，磷元素可随原生质环流向根内运输，极大降低了运输阻力，极大提升了运输速率（Gabriella et al., 2018）。丛枝菌根真菌与青杨建立共生关系后，外延菌丝增殖生长程度、根系吸收范围和养分利用程度均会发生变化。有关丛枝菌根真菌与宿主植物养分动力学机制方面的研究表明，宿主植物可为丛枝菌根真菌真菌提供碳水化合物，而青杨供应的碳元素激发了丛枝菌根真菌对青杨氮元素和磷元素的吸收和向宿主植物的转运机制（Rezacova et al., 2017）。

盐胁迫条件下，青杨体内钠离子的过量积累会影响植物对钾离子、钙离子和镁离子等营养离子的吸收，这可能是由于青杨多余的盐离子与其余离子产生竞争关系，影响生物膜对钾离子、钙离子和镁离子的选择性吸收，引起钾钠离子和钙钠离子比率失衡（Hashem et al., 2016）。钾离子、钙离子和镁离子不仅是构成植物细胞器的组成成分，而且参与调节植物细胞渗透压和维持细胞正常代谢（Hashem et al., 2016）。盐胁迫条件下，接种丛枝菌根真菌可通过提高宿主植物根系液泡膜质子泵（H-ATPase 和 H-PPiase）和钠离子氢离子逆向转运蛋白的活性来保持液泡膜的完整性，调控钾离子、钙离子和镁离子的吸收、转运和分配过程（Ouziad et al., 2006）。青杨体内钾钠离子和钙钠离子比率的降低主要源于组织中钠离子的净增加和钾离子、钙离子水平的降低，而接种丛枝菌根真菌可以促进青杨根系对钾离子、钙离子和镁离子的选择性吸收，降低钠离子选择性运输，改善青杨钾钠离子和钙钠离子比率的失衡状况。

四、小结

盐胁迫条件下，接种丛枝菌根真菌对宿主植物直接的促进作用是改善宿主植物水分吸收和利用能力。随着植物体内水分状况的改善，菌根化植株的光合作用能力也随之增强。在受到盐分胁迫时，青杨渗透调节物质、活性氧和丙二醛含量增加，而这些物质一方面会激活青杨自身的抗氧化系统，另一方面也可作为评判植物受胁迫水平的指标。与此同时，盐离子与各种营养离子相互竞争阻止植物的营养吸收，造成植物体营养亏缺。然而，丛枝菌根真菌的菌丝可扩大植物根系吸收面积，协助宿主植物吸收营养，加强植物、土壤和丛枝菌根真菌间的物质交换，在一定程度上改善青杨耐盐性，缓解氧化损伤。同时，本研究还发现这种改善效果主要发挥于地下系统中，这与丛枝菌根真菌自身特性密不可分。

第五章 盐胁迫下丛枝菌根真菌对植物
耐盐基因表达的影响

随着基因工程原理与技术的快速发展和毛果杨（*Populus trichocarpa*）基因组序列的公布，杨树已成为多年生木本植物研究的模式树种（Tuskan et al.，2006）。诸多学者开始采用基因工程原理与技术的手段研究木本植物耐盐胁迫的分子机制（Chen et al.，2014）。盐胁迫条件下，植物自身能通过调控一系列耐盐基因的表达水平，包括水通道蛋白（Aquaporins，AQPS）、盐超级敏感蛋白（Salt overly sensitive protein，SOSP）和离子转运蛋白（Ion transporter protein，ITP）基因，从而响应盐渍化生境（Ye et al.，2013；He et al.，2016；Zhang et al.，2017b）。He等（2016）发现盐胁迫条件下植物体内水通道蛋白（Aquaporins，AQPS）基因的相对表达量下调，认为这有助于减少生物膜对水分子的通透性，是植物保持细胞水分的一种策略。Ye等（2013）发现钠离子氢离子逆向转运蛋白基因的过量表达，丝氨酸/苏氨酸蛋白激酶编码基因结构的持续激活及假定元件钙结合蛋白基因的上调协同赋予了转基因植物耐盐性。Zhang等（2017b）发现离子转运蛋白钠氢逆向转运蛋白、高亲和性钾离子转运蛋白以及液泡膜上的钠氢逆向转运蛋白构成的功能模型能够调节耐盐植物中的钠离子稳态。

盐胁迫下，丛枝菌根真菌能通过调控宿主植物水通道蛋白、盐超级敏感蛋白和离子转运蛋白等相关耐盐蛋白的表达，缓解宿主植物体内生理干旱和离子失衡状况，从而提高宿主植物耐盐性（Porcel et al.，2016；Chen et al.，2017；吴娜，2018）。首先，水通道蛋白基因调控的通道只允许水分子进出（刘婷，2014），丛枝菌根真菌与宿主植物形成共生体系后会调控植物水通道蛋白家族基因的表达，以此在转录水平上调控植株体内的水分状况，缓解盐胁迫对宿主植物造成的生理干旱损伤（Singh et al.，2018）。其次，丛枝菌根真菌能通过调控宿主植物体内盐超敏感蛋白基因对植物内部进行离子稳态调节，从而提高耐盐性。其中，钠离子氢离子逆向转运蛋白基因（*SOS1*）与钠离子区隔化有关（Zhang et al.，2017b），丝氨酸/苏氨酸蛋白激酶编码基因（*SOS2*）功能主要体现在钾钠离子和钙钠离子平衡方面，钙结合蛋白基因（*SOS3*）与感受钙离子信号有关（Ye et al.，2013）。再者，丛枝菌根真菌与宿主植物形成共生体系后会调控植物离子转运基因的表达。一旦植物内的钠离子超过阈值，丛枝菌根真菌能协助宿主植物细胞启动相应应答机制以降低细胞质内的钠离子浓度：细胞质膜上的钠离子氢离子逆向转运蛋白基因（*SOS1*）将胞内过量的钠离子排出，液泡膜上的钠离子氢离子逆向转运蛋白基因（*NHX1*）将胞内过量的钠离子区隔化（Porcel et al.，2016），由高亲和性钾离子转运蛋白基因（*HKT1*）调控钠离子从光合器官转移至根系系统和减少木质部钠离子的卸载，三者协同调节植物内的钠离子稳态从而增强植物对盐胁迫的耐受性（Chen et al.，2017）。

本章通过研究盐胁迫条件下，丛枝菌根真菌对杨树水通道蛋白基因（*PIP1-1*、*PcPIP1-3* 和 *PcPIP2-3*）、盐超级敏感蛋白基因（*PcSOS1*、*PcSOS2* 和 *PcSOS3*）和离子转运蛋白基因（*PeSOS1*、*PeNHX1* 和 *PeHKT1*）相对表达水平的影响，初步了解菌根化林木耐盐性的分子机制，为丛枝菌根真菌维持盐渍化生态系统平衡的应用提供了理论基础。

一、试验材料与试验设计

（一）试验材料

供试植物本试验所用杨树扦插条由山西桑干河杨树丰产林实验局提供，选用一年生的青杨和胡杨植株，经过 0.05% 高锰酸钾消毒 12 h，蒸馏水洗 3 次后待用。供试菌种本研究采用北京市农林科学院植物营养与资源研究所提供的异形根孢囊霉（*Rhizophagus irregularis*）和摩西管柄囊霉（*Funneliformis mosseae*）菌剂，使用白三叶草（*Trifolium repens*）扩繁使用。供试土壤基本理化性质为有机碳 18.21 g·kg⁻¹，速效钾 44.82 g·kg⁻¹，速效氮 29.71 mg·kg⁻¹，速效磷 10.96 mg·kg⁻¹；pH值7.9［土壤（g）：水（mL）为1:5］。用γ射线对风干土壤灭菌。

（二）试验设计

本研究为双因素试验，包括接种处理和盐胁迫处理。其中对于青杨盐胁迫的添加为 75 mmol·L⁻¹氯化钠处理，对于胡杨盐胁迫的添加为 150 mmol·L⁻¹氯化钠和 300 mmol·L⁻¹氯化钠处理。待杨树生长 60 d 后开始施加盐胁迫。对于青杨而言每两天浇灌氯化钠 15 mmol·L⁻¹，5 次达到最终浓度；对于胡杨而言每隔两天浇灌氯化钠 30 mmol·L⁻¹，5 次达到 150 mmol·L⁻¹盐浓度；每隔两天浇灌氯化钠 60 mmol·L⁻¹，5 次达到 300 mmol·L⁻¹盐浓度。盐胁迫结束的 20 d 收获样品用于测定水通道蛋白基因的相对表达量；盐胁迫结束的 10 d 收获样品用于测定离子转运蛋白基因的相对表达量；盐胁迫结束的第 0 h、6 h、12 h、18 h、24 h 和 30 h 收获样品用于测定盐超级敏感蛋白基因的相对表达量。

二、试验方法和数据处理

（一）试验方法

1. RNA 提取和质量检测

RNA 提取采用植物 RNA 提取试剂盒（欧米伽生物科技有限公司，圣安东尼奥，美国）附带的植物困难 RNA 提取方法进行。RNA 浓度和纯度的检测使用核酸蛋白检测仪 ND-1000，RNA 完整性的检测用 1% 琼脂糖凝胶电泳（85 V，30 min）。采用北京天根生化科技有限公司 FastQuant RT Kit with gDNase 第一链 cDNA 合成试剂盒合成 cDNA 第一条链。

2. 特异性引物及检测

青杨水通道蛋白基因（*PIP*1-1、*PcPIP*1-3 和 *PcPIP*2-3）、盐超级敏感蛋白基因（*PcSOS*1、*PcSOS*2 和 *PcSOS*3）和胡杨离子转运蛋白基因（*PeSOS*1、*PeNHX*1 和 *PeHKT*1）的特异性引物如表 5-1 所示。引物特异性检测利用普通聚合酶链式反应仪进行。聚合酶链式反应产物回收，克隆测序，验证条带序列，产物回收采用琼脂糖凝胶 DNA 回收试剂盒（欧米伽生物科技有限公司，圣安东尼奥，美国）进行。

表 5-1　水通道蛋白、盐超级敏感蛋白、离子转运蛋白基因和内参基因的特异性引物序列

基因类型	引物名称	引物序列
水通道蛋白基因	*PcPIP*1-1	5′-CAAGCCCAGTTTGTTCCATT-3′
		5′-GAGCCAAACCCCTCAAACTA-3′
	*PcPIP*1-3	5′-GTGATGGAGGGCAAAGAAGA-3′
		5′-ACAAGAAGGTGGCCATGAAC-3′
	*PcPIP*2-3	5′-GTGAGCTTGGGCACTTGTTT-3′
		5′-CGTGAATTTCCTTCCCTGAC-3′
延超级敏感蛋白基因	*PcSOS*1	5′-GGTGGTCTTATGAGTTGGCCTGAA-3′
		5′-GCAGTTGGGGAGCAGGAGTTTTTC-3′
	*PcSOS*2	5′-ACGACATGTGGAACCCCGAATT-3′
		5′-ACGAGTTTTAGGATTGGGATTGAGT-3′
	*PcSOS*3	5′-GTTCGATCTTTGGGTGTCTTTCAT-3′
		5′-GGGTTCTTCGACACAAATTCCT-3′
离子转运蛋白基因	*PeSOS*1	5′-AAGGATCGGGGATGGAATTAG-3′
		5′-GAAAAGAAGGGCAGGAAGGAA-3′
	*PeNHX*1	5′-TTCGGTTTGAGGATGGTAT-3′
		5′-AATGGCAAGGGCAGTAAT-3′
	*PeHKT*1	5′-GCATCACAGAGAGGCGAAA-3′
		5′-TCCATTTCCCTGAGAATCCA-3′
内参基因	β-actin	5′-TGGAGAAGATTTGGCATCACAC-3′
		5′-ATAGCGACATACATTGCAGGAG-3′
	Ubiquitin	5′-CAGCTTGAAGATGGGGAGGAC-3′
		5′-CAATGGTGTCTGAGCTCTCG-3′
	CUL	5′-TGCTGAATGTGTTGAGCAGC-3′
		5′-TTGTCGCGCTCCAAGTAGTC-3′

3. 载体连接

载体连接用 pMDTM 18-T Vector Cloning Kit，在聚合酶链式反应管中按照 0.5 μL pMDTM 18-T Vector、5.0 μL Insert DNA 和 4.5 μL 溶液 I 配制体系；16 ℃ 2 h，10 μL 连接产物加 25 μL Trans 5α 感受态细胞，冰浴 30 min，42 ℃ 热

激 45 s，冰浴 1 min，加 960 μL SOC 液体培养基，37 ℃培养 1 h；在固体平板（含有 5-溴-4-氯-3-吲哚-β-D-半乳糖苷、异丙基-β-D-硫代半乳糖吡喃糖苷、氨苄霉素 SOC 培养基）培养 12 h，蓝白斑筛选；挑白色菌落于 1 mL 含 Amp 的 SOC 液体培养基，每个处理 10 个单克隆，震荡 1 h；电泳检测，在 PCR 管中按照 0.25 μL M13F、0.25 μL M13R、0.50 μL 模板、4 μL 双蒸水和 5 μL Taq Master Mix 配制反应体系。使用 S1000™ Thermal cycler（伯乐公司，赫拉克勒斯，美国）进行聚合酶链式反应扩增。

4. 实时荧光定量聚合酶链式反应分析

使用 Bio-Rad CFX96 real-time PCR 仪进行实时荧光定量聚合酶链式反应分析，按照 12.5 μL TransStart Tip Green qPCR SuperMix、0.5 μL 上游引物（10 μmol·L^{-1}）、0.5 μL 下游引物（10 μmol·L^{-1}）、1.0 μL cDNA 和 10.5 μL 双蒸水配制反应体系。使用 S1000™ Thermal cycler（伯乐公司，赫拉克勒斯，美国）进行聚合酶链式扩增。

（二）数据处理

利用生物统计软件 SPSS（V17.0）（统计分析软件公司，芝加哥，美国）分析统计数据。数据采用 Duncan 测试（$P \leqslant 0.05$）和双因素分析进行处理，并用 SigmaPlot 10.0 软件绘图。双因素方差分析用于分析盐分胁迫、接种处理对杨树基因相对表达量影响的显著水平。青杨盐超级敏感蛋白家族基因的相对表达量采用 RStudio（V1.0.136）软件作图。

第一节　丛枝菌根真菌对杨树水通道蛋白基因相对表达量的影响

一、结果与分析

如图 5-1 所示，4 个处理以未添加盐胁迫和未接种植株为对照，对其余 3 个处理的相对表达量进行分析，结果发现，未添加盐胁迫的条件下，接种丛枝菌根真菌下调了青杨叶片水通道蛋白基因 PcPIP1-1 的相对表达量，下调的百分比为

12.42%，上调了水通道蛋白基因 $PcPIP$1-3 和 $PcPIP$2-3 的相对表达量，上调的百分比分别为 18.81% 和 20.33%。盐胁迫条件下，接种丛枝菌根真菌上调了青杨叶片水通道蛋白基因 $PcPIP$1-1、$PcPIP$1-3 和 $PcPIP$2-3 的相对表达量，上调的百分比分别为 43.75%、56.48% 和 48.62%。未添加盐胁迫的条件下，接种丛枝菌根真菌下调了青杨根系水通道蛋白基因 $PcPIP$1-1、$PcPIP$1-3 和 $PcPIP$2-3 的相对表达量，下调的百分比分别为 22.58%、18.61% 和 11.77%。盐胁迫条件下，接种丛枝菌根真菌上调了青杨叶片水通道蛋白基因 $PcPIP$1-1、$PcPIP$1-3 和 $PcPIP$2-3 的相对表达量，上调的百分比分别为 74.12%、65.63% 和 88.39%。

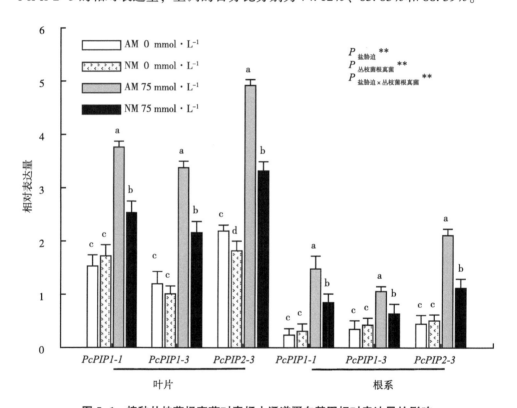

图 5-1　接种丛枝菌根真菌对青杨水通道蛋白基因相对表达量的影响

注：柱上方不同字母代表同一指标不同处理间差异显著（$P \leqslant 0.05$），数值为均值±标准差（$n = 6$）。

二、讨论

水通道蛋白基因在根系表达的丰度很高，可以调控由根系吸收的大部分水（Jang et al.，2004；He et al.，2016）。本试验中，我们检测到盐胁迫显著上调了青杨水通道蛋白基因的相对表达量。Jang 等（2004）认为盐胁迫条件下，水通道蛋白基因的上调有可能起到帮助细胞吸收水分以维持细胞的水分平衡的作用。He 等（2016）认为盐胁迫条件下，水通道蛋白基因的下调可能有助于减少生物膜对水分子的通透性，是植物保持细胞水分的一种策略。诸多学者报道了关于水通道蛋白基因家族对盐胁迫响应机制的差异性（He et al.，2016），这可能是水通道蛋白家族的不同成员复杂转录调控的反映。

本试验中，丛枝菌根真菌对叶片和根系水通道蛋白基因的表达都有调控。75 mmol·L^{-1}氯化钠浓度下，丛枝菌根真菌上调了青杨体内 $PcPIP1$-1、$PcPIP1$-3 和 $PcPIP2$-3 3 个水通道蛋白基因的相对表达量。Aroca 等（2007）研究发现接种处理对菜豆根系水通道蛋白基因的上调与菌根化菜豆根系较高的渗透压导水率有相关性。因此，本试验中，75 mmol·L^{-1}氯化钠浓度下丛枝菌根真菌对水通道蛋白基因表达的上调或许能够反映出，在该胁迫条件下，和未菌根化青杨相比，菌根化青杨能吸收更多的水分，进而改善自身的水分状况。此外，Saibo 等（2009）发现水通道蛋白基因也可以在二氧化碳跨叶肉细胞的细胞膜扩散过程中发挥作用。Uehlein 等（2003）利用基因过表达技术，发现过表达植物体内的水通道蛋白基因能增加植物细胞膜对过氧化氢和二氧化碳的通透性，而 Terashima 和 Ono（2002）发现添加水通道蛋白抑制剂氯化汞后则会导致细胞膜对二氧化碳的通透性下降。因此，丛枝菌根真菌对叶片水通道蛋白基因表达的上调表明，和未菌根化青杨相比，菌根化青杨系对地上部分水分的供应更加充足（Ouziad et al.，2006），叶片的细胞膜对二氧化碳的通透性更高，光合效应更强。

三、小结

丛枝菌根真菌对青杨水通道蛋白基因的表达有一定的调控作用，且这种作用随着植物组织的不同而不同。盐胁迫条件下，丛枝菌根真菌对叶片和根系中水通道基因表达的上调可能会促进接种植株的根系对水分的吸收以及水分在植株体内向特定组织的运输。

第二节　丛枝菌根真菌对杨树盐超级敏感基因相对表达量的影响

一、结果与分析

如图 5-2 和表 5-2 所示，盐胁迫诱导了青杨盐超级敏感蛋白基因家族的表达且使质膜钠离子氢离子逆向转运蛋白基因、丝氨酸/苏氨酸蛋白激酶编码基因和钙结合蛋白基因的表达模式呈现出差异。随着盐胁迫时间的延长，青杨体内质膜钠离子氢离子逆向转运蛋白基因、丝氨酸/苏氨酸蛋白激酶编码基因和钙结合蛋白基因的相对表达水平呈先增加后降低的趋势：根系质膜钠离子氢离子逆向转运蛋白基因和丝氨酸/苏氨酸蛋白激酶编码基因的相对表达水平峰值出现在盐胁迫的 12 h；根系钙结合蛋白基因相对表达水平的峰值出现在盐胁迫的 24 h；叶片质膜钠离子氢离子逆向转运蛋白基因和钙结合蛋白基因相对表达水平的峰值出现在盐胁迫的 12 h；叶片丝氨酸/苏氨酸蛋白激酶编码基因的相对表达水平的峰值出现在盐胁迫的 24 h。和叶片相比，根系质膜钠离子氢离子逆向转运蛋白基因和丝氨酸/苏氨酸蛋白激酶编码基因对盐胁迫的瞬间响应效应明显。盐超级敏感蛋白基因家族重要的生理功能是离子稳态调节，青杨根系和叶片中不同盐超级敏感蛋白基因家族的表达方式可能涉及不同的离子稳态调节机制。

同时，相同时间段内丛枝菌根真菌对青杨根部质膜钠离子氢离子逆向转运蛋白基因和钙结合蛋白基因的作用效应显著。本研究认为丛枝菌根真菌可通过影响盐超级敏感蛋白基因家族的表达量和干扰盐超级敏感信号传导体系，调控整个植株的生长。在盐胁迫结束的第 18 个小时，接种异形根孢囊霉显著增加了青杨根系质膜钠离子氢离子逆向转运蛋白基因和钙结合蛋白基因的相对表达量。由此可见，丛枝菌根真菌可通过影响青杨根系的盐超级敏感蛋白基因家族的相对表达

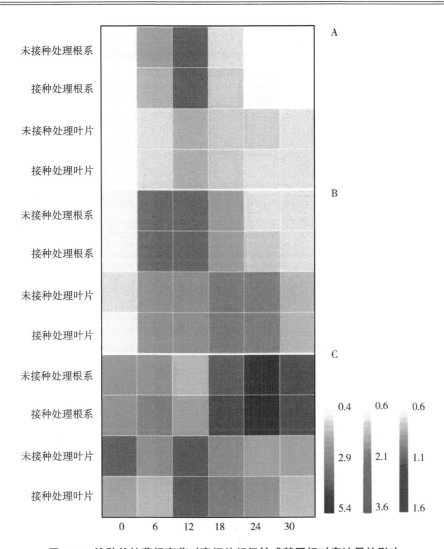

图 5-2　接种丛枝菌根真菌对青杨盐超级敏感基因相对表达量的影响

注：A 为质膜钠离子氢离子逆向转运蛋白基因的相对表达量；B 为丝氨酸/苏氨酸蛋白激酶编码基因的相对表达量；C 为钙结合蛋白基因的相对表达量，颜色的深浅表征了数值的大小。

量，调节根系细胞的钠离子氢离子逆向转运蛋白活性和内部离子流稳态，促进青杨根系对离子的选择性吸收和运输，降低钠离子选择性吸收和运输，改善青杨内离子失衡状况，提高青杨耐盐性。

表5-2 盐超级敏感蛋白基因的双因素方差分析

处理时间	P值	钠离子氢离子逆向转运蛋白基因		丝氨酸/苏氨酸蛋白激酶编码基因		钙结合蛋白基因	
		根系	叶片	根系	叶片	根系	叶片
12 h	$P_{盐胁迫}$	**	**	**	**	**	**
	$P_{丛枝菌根真菌}$	NS	NS	NS	NS	NS	NS
	$P_{盐胁迫×丛枝菌根真菌}$	NS	NS	NS	NS	NS	NS
18 h	$P_{盐胁迫}$	**	**	**	**	**	*
	$P_{丛枝菌根真菌}$	*	NS	NS	NS	*	NS
	$P_{盐胁迫×丛枝菌根真菌}$	**	*	*	NS	NS	**
24 h	$P_{盐胁迫}$	**	**	**	**	**	NS
	$P_{丛枝菌根真菌}$	NS	NS	NS	NS	NS	NS
	$P_{盐胁迫×丛枝菌根真菌}$	NS	NS	NS	NS	NS	NS
30 h	$P_{盐胁迫}$	**	**	NS	**	**	**
	$P_{丛枝菌根真菌}$	NS	NS	NS	NS	NS	NS
	$P_{盐胁迫×丛枝菌根真菌}$	NS	NS	NS	NS	NS	NS

注：NS：差异不显著 $P>0.05$；＊：差异显著 $0.01<P\leqslant0.05$；＊＊：差异极显著 $P\leqslant0.01$。

二、讨论

盐超级敏感蛋白基因的诱导表达是木本植物进行离子稳态调节的重要途径之一，主要包含质膜钠离子氢离子逆向转运蛋白基因、丝氨酸/苏氨酸蛋白激酶编码基因和钙结合蛋白基因，可较好感知和响应盐信号并将盐信号传递至细胞内，维持植株离子平衡和调控植株生长（Lang et al.，2017）。作为盐超级敏感信号途径中的关键性效应分子，钠离子氢离子逆向转运蛋白基因主要负责拟南芥（Arabidopsis thaliana）（Chung et al.，2008）、小麦（Xu et al.，2008c）和胡杨（Ding et al.，2010）等植物中过量钠离子的排出并阻止细胞质中钠离子的积累。Ding等（2010）发现，和群众杨（P. popularis）相比，胡杨钠离子氢离子逆向转运蛋白的基因丰度较高，钠离子的积累量更少，因而胡杨更耐盐；Sun等（2009）采用扫描离子选择性电极技术发现，胡杨根部钠离子排出主要由质膜上的钠离子氢离子逆向转运蛋白介导。质膜钠离子氢离子逆向转运蛋白基因通过控制植株内长距离的钠离子转运和影响钠离子区隔化（Zhang et al.，2017b）增加宿主植物耐盐性，而本研究发现，氯化钠胁迫可激活青杨质膜钠离子氢离子逆向转运蛋白基因的表达，且青杨自身通过该类方式抵御盐胁迫。丝氨酸/苏氨酸蛋白激酶编码基因与植物体内离子平衡的调控紧密相关，而钙结合蛋白基因可受钙离子调控，具有特殊的钙结合特性，其与丝氨酸/苏氨酸蛋白激酶编码基因相互作用可影响植物钙信号的传导机制。有学者利用酵母的双杂交技术、免疫共沉淀技术及谷胱甘肽巯基转移酶-融合蛋白沉降技术探究盐超级敏感家族3个基因间的相互作用，发现盐胁迫使植物体内产生钙离子流的强紊乱信号，诱发细胞内丝氨酸/苏氨酸蛋白激酶编码基因-钙结合蛋白基因间的相互作用，进一步激活质膜钠离子氢离子逆向转运蛋白基因（Ye et al.，2013）。Sun 等（2010）发现，过氧化氢和钙离子信号介导胡杨细胞内的离子平衡。钙结合蛋白基因对钙离子信号具有一定的敏感度，本研究中根系钙结合蛋白基因和叶片丝氨酸/苏氨酸蛋白激酶编码基因基因基因对盐胁迫的响应具有一定的滞后性，可能是青杨不同组织涉及不同的离子稳态调节机制。

　　丛枝菌根真菌可通过影响盐胁迫下盐超级敏感家族基因的相对表达量，维持植株体内离子平衡，调控整个植株的生长。Chen 等（2017）发现盐胁迫条件下，异形根孢囊霉通过增加刺槐根系质膜钠离子氢离子逆向转运蛋白基因的相对表达量和钾钠离子比率提高其耐盐性；Porcel 等（2016）发现盐胁迫条件下，幼套球囊霉通过上调水稻质膜钠离子氢离子逆向转运蛋白基因的相对表达量从而促进钠离子胞浆外排和液泡区隔化，改善体内钾钠离子比率提高水稻耐盐性。本研究发现盐胁迫结束的第 18 个小时，接种异形根孢囊霉对青杨根系质膜钠离子氢离子逆向转运蛋白基因和钙结合蛋白基因的相对表达量作用效应显著。盐超级敏感家族基因在液泡膜的完整性、离子跨质膜液泡膜的运输过程和酸碱平衡等方面发挥着重要作用（Oh et al.，2010），因此，丛枝菌根真菌菌丝可能也在宿主植物选择性吸收离子的过程中发挥了重要作用。未来可通过转录组测序技术得到基因表达谱，精确分析转录组测序数据中的编码区单核苷酸多态性，深入了解丛枝菌根真菌调控青杨耐盐性的分子机制。

三、小结

盐胁迫诱导了盐超级敏感家族基因的表达，且在特定时间下，丛枝菌根真菌显著影响了质膜钠离子氢离子逆向转运蛋白基因和钙结合蛋白基因的相对表达量，调节宿主植物转运蛋白活性和离子流稳态，提高青杨耐盐性。

第三节　丛枝菌根真菌对杨树离子转运基因相对表达量的影响

一、结果与分析

如图 5-3 所示，不论是否接种丛枝菌根真菌，盐胁迫显著上调了胡杨根系质膜钠离子氢离子逆向转运蛋白基因、根系亲和性钾离子转运蛋白基因和叶片液泡膜的钠离子氢离子逆向转运蛋白基因的相对表达量。其中，150 mmol·L^{-1}氯化钠胁迫条件下质膜钠离子氢离子逆向转运蛋白基因的相对表达量呈现快速和持续增加，而 300 mmol·L^{-1}氯化钠胁迫条件下质膜钠离子氢离子逆向转运蛋白基因的相对表达量出现迅速下降，我们认为这可能是由于轻度盐胁迫条件下质膜钠离子氢离子逆向转运蛋白基因调控钠离子向地上部分的转运过程中尤其是将钠离子装载入木质部过程发挥了重要功能。而在重度盐胁迫的条件下，过量的钠离子积累在地上部分，反而通过减少钠离子在木质部装载量从而限制钠离子从地下部分到地上部分的远距离运输。300 mmol·L^{-1}氯化钠胁迫条件下，高和性的钾离子转运蛋白基因主要在根系中表达且其相对表达量受到盐胁迫的显著上调，暗示重度盐胁迫条件下高和性的钾离子转运蛋白基因的作用主要在钠离子从木质部到根系薄壁细胞的卸载过程中发挥作用。研究者认为这可能是由于在重度盐胁迫条件下，300 mmol·L^{-1}氯化钠胁迫显著增加了胡杨地上部分的钠离子积累，胡杨叶片中钠离子达到最大浓度，诱导高和性的钾离子转运蛋白基因的表达介导根系钠离子卸载进入木质部发育前体细胞，从而缓解植物中钠离子的毒害效应。此外，盐胁迫显著上调了叶片液泡膜的钠离子氢离子逆向转运蛋白基因的相对表达水平，且 150 mmol·L⁻¹ 和 300 mmol·L⁻¹ 氯化钠胁迫处理分别为对照处理的 1.82 倍和 3.09 倍，表明叶片钠离子区隔化主要发生于重度盐胁迫处理，我们认为液泡膜的钠离子氢离子逆向转运蛋白基因的相对表达量更高更持久可以诱使大量钠离子尽快区隔化至液泡中。

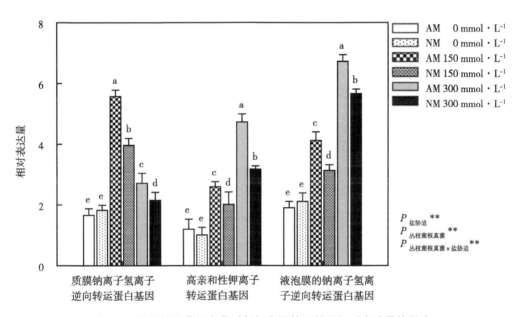

图 5-3 接种丛枝菌根真菌对胡杨离子转运基因相对表达量的影响

注：NM：未接种丛枝菌根真菌；AM：接种丛枝菌根真菌；0 mmol·L⁻¹、75 mmol·L⁻¹ 和 150 mmol·L⁻¹ 代表了施加的氯化钠浓度。柱上方不同字母代表同一指标不同处理间差异显著（$P \leqslant$ 0.05），数值为均值±标准差（$n = 6$）。

盐胁迫条件下丛枝菌根真菌的共生更是增强了根系质膜钠离子氢离子逆向转运蛋白基因、根系高亲和性钾离子转运蛋白基因和叶片钠离子氢离子逆向转运蛋白基因的相对表达量，其中在 150 mmol·L⁻¹ 氯化钠胁迫条件下增加的百分比分别为 40.66%、28.86% 和 31.63%，在 300 mmol·L⁻¹ 氯化钠胁迫条件下增加的百分比分别为 25.81%、48.90% 和 18.73%。在 150 mmol·L⁻¹ 氯化钠胁迫条件下丛枝菌根真菌对根系质膜钠离子氢离子逆向转运蛋白基因和叶片液泡膜的钠离子氢离子逆向转运蛋白基因的上调效应显著：一方面，丛枝菌根真菌-胡杨共生体系通过上调根系质膜钠离子氢离子逆向转运蛋白基因的相对表达量将胞内过量的钠离子排出从而减少钠离子流入根系；另一方面，通过上调叶片液泡膜的钠离子氢离子逆向转运蛋白基因将胞内过量的钠离子区隔化。在 300 mmol·L^{-1}氯化钠胁迫条件下丛枝菌根真菌对根系高亲和性钾离子转运蛋白基因的上调效应显著，这可能是为了更好地增强胡杨中木质部钠离子卸载能力以阻止钠离子向地上部分的转运。质膜钠离子氢离子逆向转运蛋白基因、高亲和性钾离子转运蛋白基因和液泡膜的钠离子氢离子逆向转运蛋白基因协同调控钠离子转运系统以维持钠离子稳态的机制，而在不同胁迫条件下丛枝菌根真菌协助胡杨降低钠离子毒性的方式不同。在轻度盐胁迫条件下，丛枝菌根真菌更侧重于阻止钠离子进入根系和促进钠离子在叶片中的区隔化；在重度盐胁迫条件下，丛枝菌根真菌更侧重于增强木质部对钠离子的装载能力使其进入木质部发育前体细胞从而缓解钠离子对光合组织的毒害效应。由此可见，盐胁迫条件下丛枝菌根真菌能够调控植物内调控钠离子转运相关基因的表达，且离子转运相关基因间和丛枝菌根真菌对不同离子转运基因的调控均存在特异性。

二、讨论

质膜钠离子氢离子逆向转运蛋白基因在植株体内钠离子的转运过程中扮演了重要角色。质膜拟南芥钠离子氢离子逆向转运蛋白基因主要在根系中表达且受氯化钠胁迫的显著影响（Shi et al.，2002）。类似的基因表达模式在水稻（Atienza et al.，2007）、小麦（Xu et al.，2008c）以及盐芥（*Thellungiella salsuginea*）（Oh et al.，2010）的质膜钠离子氢离子逆向转运蛋白基因等中均有出现。本研究发现胡杨质膜钠离子氢离子逆向转运蛋白基因在根系中的表达水平较高。Shi 等（2002）发现拟南芥质膜钠离子氢离子逆向转运蛋白基因优先表达于根木质部-共质体边界的薄壁细胞，拟南芥中相关编码蛋白将钠离子装载入木质部以控制钠离子向地上部分的转运和在叶肉细胞中的贮存。类似的结果也出现在植物霸王

（*Zygophyllum xanthoxylum*）中，研究发现霸王质膜钠离子氢离子逆向转运蛋白基因在植株钠离子的远距离运输以及组织空间分布中扮演了重要角色（Ma et al.，2014）。本研究中，150 mmol·L^{-1}氯化钠条件下胡杨质膜钠离子氢离子逆向转运蛋白基因的相对表达量呈现快速和持续增加，而在 300 mmol·L^{-1}氯化钠胁迫条件下胡杨质膜钠离子氢离子逆向转运蛋白基因的相对表达量出现迅速下降，这可能是由于轻度盐胁迫条件下胡杨质膜钠离子氢离子逆向转运蛋白基因在植株钠离子向地上部分的转运过程尤其是将钠离子装载入木质部过程发挥了重要功能（Shi et al.，2002；Guo et al.，2012；Yuan et al.，2015）。而在重度盐胁迫的条件下，过量的钠离子积累在地上部分，反而通过减少钠离子在木质部装载量从而限制钠离子从地下部分到地上部分的远距离运输（Guo et al.，2012）。

诸多研究表明高亲和性钾离子转运蛋白在调控钠离子和钾离子的转运和平衡维持过程中具有重要作用（Horie et al.，2009）。由高亲和性钾离子转运蛋白基因编码的转运蛋白被鉴定为钠离子转运蛋白，介导水稻和小麦中钠离子从木质部的取回（Horie et al.，2009）。值得注意的是，水稻高亲和性钾离子转运蛋白基因会在根系木质部导管周围的薄壁细胞中优先表达，电压钳位分析表明水稻高亲和性钾离子转运蛋白基因会通过去除根系木质部汁液中的钠离子以阻止其在地上部分的积累（Ren et al.，2005）。此外，Sunarpi 等（2005）报道拟南芥水稻高亲和性钾离子转运蛋白基因能选择性地将钠离子从根系木质导管卸载至木质部发育前体细胞，以降低根系木质部导管和叶片中的钠离子含量，从而在保护叶片免受钠离子毒性方面发挥关键作用。也有研究发现类似结果，小麦高亲和性钾离子转运蛋白基因参与限制大量钠离子从木质部至叶片转运过程（Munns et al.，2012）。小麦高亲和性钾离子转运蛋白基因在根系中表达而在叶片中并不表达，并且盐胁迫处理显著上调了高亲和性钾离子转运蛋白基因的相对表达量（Munns et al.，2012）。本研究结果显示在重度盐胁迫条件下，高亲和性钾离子转运蛋白基因主要在根系中表达且其相对表达量受到重度盐胁迫的显著上调，暗示重度盐胁迫条件下高亲和性钾离子转运蛋白基因可能在调控钠离子从木质部到根系薄壁细胞的卸载过程中发挥作用。Guo 等（2012）发现当盐生牧草小花碱茅（*P.tenuiflora*）暴露于极端盐胁迫条件下时，叶片液泡中钠离子达到最大浓度，进而调控叶片高亲和性钾离子转运蛋白基因介导钠离子木质部的卸载过程。本研究进一步验证了这种观点：300 mmol·L⁻¹氯化钠胁迫显著增加了胡杨地上部分的钠离子积累，诱导高亲和性钾离子转运蛋白基因的表达介导根系钠离子卸载进入木质部发育前体细胞，从而缓解植物中钠离子的毒害效应。

将钠离子区隔化至液泡是植物降低细胞质中钠离子毒性的关键策略之一（Chen et al., 2017）。液泡膜的钠离子氢离子逆向转运蛋白是一种普遍存在的跨膜蛋白，其调控钠离子区隔化至液泡维持钠离子稳定状态以提高植物耐盐性过程中发挥关键作用（Shi and Zhu, 2002）。诸多研究表明，盐胁迫可以显著上调叶片液泡膜的钠离子氢离子转运蛋白基因的转录水平。在盐胁迫处理的条件下，冰叶日中花（*Mesembryanthemum crystallinum*）叶片液泡膜的钠离子氢离子转运蛋白基因的转录水平显著增加至一个较高且稳定的水平，而根系中液泡膜的钠离子氢离子转运蛋白基因转录水平的变化并不显著（Cosentino et al., 2010）。类似的变化趋势出现在植物棉花和菊花（*Dendranthema morifolium*）中（Zhang et al., 2012）。Wu 等（2011）研究发现盐胁迫诱导了液泡膜的钠离子氢离子转运蛋白基因在叶片组织中的优先表达。在盐胁迫条件下，植物霸王和菊花中液泡膜的钠离子氢离子转运蛋白基因的表达量与叶片钠离子积累量呈现显著正相关关系（Wu et al., 2011; Zhang et al., 2012）。本研究中，盐胁迫显著上调了叶片液泡膜的钠离子氢离子转运蛋白基因的相对表达量，且150 mmol·L⁻¹和300 mmol·L⁻¹氯化钠胁迫处理分别为对照处理的 1.48 倍和 1.81 倍，表明地上部分钠离子区隔化主要发生于重度盐胁迫处理。Chen 等（2017）研究发现重度盐胁迫条件下地上部分钠离子会出现过量积累现象，而在本研究中叶片液泡膜的钠离子氢离子转运蛋白基因的表达量更高更持久诱使大量的钠离子尽快区隔化至液泡中。

盐胁迫条件下丛枝菌根真菌的共生更是增强了根系质膜钠离子氢离子逆向转运蛋白基因、根系高亲和性钾离子转运蛋白基因和叶片液泡膜的钠离子氢离子转运蛋白基因的相对表达量。在 150 mmol·L⁻¹氯化钠胁迫条件下丛枝菌根真菌对根系质膜钠离子氢离子逆向转运蛋白基因和叶片液泡膜的钠离子氢离子转运蛋白基因的上调效应显著：一方面，丛枝菌根真菌–胡杨共生体系通过上调根系质膜钠离子氢离子逆向转运蛋白基因的相对表达量将胞内过量的钠离子向土壤排出从而减少钠离子流入根系（陈婕，2017）；另一方面，通过上调叶片液泡膜的钠离子氢离子转运蛋白基因将胞内过量的钠离子区隔化（Porcel et al.，2016）。在 300 mmol·L^{-1}氯化钠胁迫条件下丛枝菌根真菌对根系高亲和性钾离子转运蛋白基因的上调效应显著，这可能是为了更好地增强胡杨中木质部钠离子卸载能力以阻止钠离子向地上部分的转运（Deinlein et al.，2014）。植物质膜钠离子氢离子逆向转运蛋白基因、高亲和性钾离子转运蛋白基因和液泡膜的钠离子氢离子逆向转运蛋白基因能够协同调控钠离子转运系统以维持钠离子稳态的机制，本研究发现不同胁迫条件下丛枝菌根真菌协助胡杨降低钠离子毒性的方式不同。在轻度盐胁迫条件下，丛枝菌根真菌更侧重于阻止钠离子进入根系和促进钠离子在叶片中的区隔化；在重度盐胁迫条件下，丛枝菌根真菌更侧重于增强木质部对钠离子的装载能力使其进入木质部发育前体细胞，从而缓解钠离子对光合组织的毒害效应。由此可见，盐胁迫条件下丛枝菌根真菌能够调控植物内调控钠离子转运相关基因的表达，且离子转运相关基因间和丛枝菌根真菌对不同离子转运基因的调控均存在特异性。

三、小结

本研究结果为此前的假设提供了强有力的证据，进一步扩充了盐胁迫条件下，丛枝菌根真菌协助林木调控钠离子转运系统中的质膜钠离子氢离子逆向转运蛋白基因、高亲和性钾离子转运蛋白基因和液泡膜的钠离子氢离子逆向转运蛋白基因以维持钠离子稳态的机制。在轻度盐胁迫条件下，丛枝菌根真菌上调叶片液泡膜的钠离子氢离子逆向转运蛋白基因将钠离子区隔化使其慢慢进入液泡，叶片液泡区隔化的潜在能力会调控质膜钠离子氢离子逆向转运蛋白基因以增强木质部对钠离子的装载能力，随后钠离子通过蒸腾作用输送至地上部分用于渗透调节。然而，在重度盐胁迫条件下，丛枝菌根真菌上调液泡膜的钠离子氢离子逆向转运蛋白基因将钠离子迅速且持久地区隔化，使叶片液泡中钠离子迅速饱和，这反过来限制了植株体内钠离子从地下部分到地上部分的长距离运输，诱导高亲和性钾离子转运蛋白基因急剧表达，使得过量的钠离子从木质部卸载进入木质部发育前体细胞从而缓解钠离子对光合组织的毒害效应。总之，盐胁迫条件下，丛枝菌根真菌协助林木调控钠离子转运系统中质膜钠离子氢离子逆向转运蛋白、高亲和性钾离子转运蛋白和液泡膜的钠离子氢离子逆向转运蛋白协同调节以维持钠离子稳态的机制，且不同盐胁迫条件下采用的方式侧重点不同，这种模式具有广泛的应用前景。

第六章　研究展望

一、研究特色

本书中所涉及的研究内容具有一定的创新性，著者利用高通量测序技术研究了宁夏回族自治区盐渍化地区不同树龄新疆杨根际微生物群落的变化特征和青海省不同性别青杨根际丛枝菌根真菌群落的变化特征，旨在阐明盐渍化和微生物群落变化间的内在联系机制。同时，著者利用盆栽试验首次研究了盐胁迫条件下，接种丛枝菌根真菌对植株根际土壤结构、根际微生物群落结构、自身生长状况形态特征、光合效应水分状况、渗透调节氧化防御、营养元素离子平衡以及耐盐基因相对表达水平的影响。通过将植物群落资源竞争理论和盐渍化-植物-丛枝菌根真菌互作理论结合，从植株（地上系统）和土壤（地下系统）不同角度阐述丛枝菌根真菌所发挥的巨大作用，为盐渍化生境下丛枝菌根真菌维持生态系统平衡的应用奠定了理论基础。

二、研究结论

著者利用高通量测序技术研究了宁夏回族自治区盐渍化地区新疆杨根际微生物群落随时序的变化特征。结果发现土壤酶活性（碱性磷酸酶和脱氢酶）和土壤营养元素含量（硝态氮、速效磷和有机碳）随着树龄的增加而逐渐增加。新疆杨根际微生物群落结构的多样性随着时序的变化而变化，真菌群落多样性随树龄变化的显著性要大于细菌群落。随着时序的增加，真菌群落多样性指数呈现出先增加且后降低的变化趋势，在 25 年或 30 年树龄新疆杨根际微环境中达到峰值。土壤营养元素速效磷和硝态氮含量是驱动新疆杨根际真菌群落结构随时序变化的重要环境因素，速效磷含量则是驱动新疆杨根际细菌群落结构随时序变化的重要环境因素。速效磷、硝态氮和有机碳含量可以在很大程度上解释了新疆杨根际微生物群落结构随时序变化的规律。著者认为，新疆杨人工林微生物群落的演替变化在很大程度上归因于土壤养分水平沿时序的变化。

著者利用高通量测序技术得到茶卡盐湖青杨根际丛枝菌根真菌多样性和结构随样地盐渍化程度和性别的变化，发现不同程度盐渍化样地和不同性别青杨根际丛枝菌根真菌群落多样性和结构间存在一定差异。根生囊霉属为青杨雄株根际的优势属，球囊霉属为青杨雌株根际的优势属。随着植被群落演替，茶卡盐湖地区土壤盐渍化和养分对于丛枝菌根真菌群落结构和丰富度的影响显著。丛枝菌根真菌群落多样性在轻度盐渍化区域丰富度最高，这可能是由于适量盐离子和充足水分的存在，能够很好地促进丛枝菌根真菌的孢子萌发和菌丝的生长发育。

丛枝菌根真菌是宿主植物根际微生态系统中的重要成员，在地上系统植物和地下系统土壤之间扮演着交通枢纽的作用，能够很好地缓解盐渍化所带来的上述负面效应。盐胁迫和接种丛枝菌根真菌处理对于土壤特性均有复杂的影响，从而进一步地影响植株根际微生物群落。丛枝菌根真菌接种处理对植物根际土壤团粒结构的改善作用存在差异，使土壤微环境朝着适合植物生长的方向变化。在接种丛枝菌根真菌后显著改变了植物根际真菌的群落结构、增加土壤碳储备并改良土壤性质，表明丛枝菌根真菌在微生态系统中对植物根际微生物群落具有的重要影响。

盐胁迫条件下，接种丛枝菌根真菌对宿主植物直接的促进作用是改善宿主植物水分吸收和利用能力。随着植物体内水分状况的改善，菌根化植株的光合作用能力也随之增强。在受到盐分胁迫时，青杨渗透调节物质、活性氧和丙二醛含量增加，而这些物质一方面会激活青杨自身的抗氧化系统，另一方面也可作为评判植物受胁迫水平的指标。与此同时，盐离子与各种营养离子相互竞争阻止植物的营养吸收，造成植物体营养亏缺。然而，丛枝菌根真菌的菌丝可扩大植物根系吸收面积，协助宿主植物吸收营养，加强植物、土壤和丛枝菌根真菌间的物质交换，在一定程度上改善青杨耐盐性，缓解氧化损伤。同时，本研究还发现这种改善效果主要发挥于地下系统中，这与丛枝菌根真菌自身特性密不可分。

丛枝菌根真菌对青杨水通道蛋白基因的表达有一定的调控作用，且这种作用随着植物组织的不同而不同。盐胁迫条件下，丛枝菌根真菌对叶片和根系中水通道基因表达的上调，可能会促进接种植株的根系对水分的吸收以及水分在植株体内向特定组织的运输。盐胁迫诱导了盐超级敏感家族基因的表达，且在特定时间下，丛枝菌根真菌显著影响了质膜钠离子、氢离子逆向转运蛋白基因和钙结合蛋白基因的相对表达量，调节宿主植物转运蛋白活性和离子流稳态，提高青杨耐盐性。著者还进一步扩充了盐胁迫条件下丛枝菌根真菌协助林木调控钠离子转运系统中的质膜钠离子氢离子逆向转运蛋白基因、高亲和性钾离子转运蛋白基因和液泡膜的钠离子氢离子逆向转运蛋白基因以维持钠离子稳态的机制。丛枝菌根真菌协助林木调控钠离子转运系统中质膜钠离子氢离子逆向转运蛋白、高亲和性钾离子转运蛋白和液泡膜的钠离子氢离子逆向转运蛋白协同调节以维持钠离子稳态的机制，且不同盐胁迫条件下采用的方式侧重点不同。

三、研究展望

近年来，诸多学者开始利用高通量测序和多组学联用技术进行丛枝菌根真菌应用基础的相关研究。丛枝菌根真菌-植物共生体系耐盐性的机制是由多个基因共同调控的复杂过程，尝试利用转录组分析、蛋白质互作和表达谱信息筛选耐盐基因已成为基因功能深层研究的重中之重，已在全世界范围内受到广泛关注。但是目前对丛枝菌根真菌-植物共生体系耐盐性机制的研究还存在以下几个方面的问题。

（一）丛枝菌根真菌与植物和微生物互作研究方面的问题

首先，关于丛枝菌根真菌与植物互作方面的问题。目前盐胁迫下丛枝菌根真菌对植物的促生效应还多局限于温室和人工环境模拟环境中进行的盆栽试验，缺乏在自然盐渍生境下植物间的营养分配和水分传递等方面的研究。今后可围绕自然盐渍生境下植物间或群落水平下的丛枝菌根网络进行研究，探索丛枝菌根真菌对群落的发生、演替和结构等方面的影响，从更深层次加深丛枝菌根真菌改良盐渍化土壤的认识。

其次，关于丛枝菌根真菌与微生物互作方面的问题。目前关于丛枝菌根真菌−植物共生体系耐盐性机制的研究多集中于对宿主植物的促生效应，而对盐渍化土壤中丛枝菌根真菌与根际其他微生物的协同机制研究较少。今后可加强丛枝菌根真菌与根际微生物的协同机制方面的研究，以更好地揭示丛枝菌根真菌在盐渍土改良中的生态学功能。

（二）丛枝菌根真菌自身研究方面的问题

首先，关于丛枝菌根真菌纯培养技术方面的问题。作为营养专性共生的真菌，想要真正意义上实现丛枝菌根真菌的纯培养具有一定难度，也正因为这一点严重阻碍了丛枝菌根真菌基因组和转录组的科研突破。虽然 Sugiura 等（2020）通过脂肪酸的添加在一定程度上实现了纯培养，但是如何利用脂肪酸提升丛枝菌根真菌的产孢率仍然是需要关注的重点。

其次，关于丛枝菌根真菌基因组中大量未知功能基因的问题。之所以对有关丛枝菌根真菌与宿主植物共生机制缺乏深刻认识，是因为有大量丛枝菌根真菌基因无法通过已有基因组信息进行注释。后续需要结合试验和生物信息学技术对未知基因的功能进行解析。

再次，关于非模式丛枝菌根真菌菌株研究方面的问题。目前已有的研究主要集中在丛枝菌根真菌模式菌株异形根孢囊霉以及其他 7 个代表性丛枝菌根真菌菌株。后续可以针对演化上更为古老的类球囊菌目和原囊菌目开展研究，从而能够更加全面地了解丛枝菌根真菌类群整体特征以及相关的基因组和转录组特征。

最后，关于丛枝菌根真菌蛋白组研究方面的问题。由于丛枝菌根真菌基因翻译水平的缺乏，已有丛枝菌根真菌蛋白层面的信息都是通过对丛枝菌根真菌基因组和转录组信息的预测所得，想要直接对其进行蛋白质分离以及功能鉴定是难上加难。鸟枪法蛋白质组学的发展或许为其提供了一个契机（Recorbet et al.，2020）。

参考文献

鲍士旦，2000. 土壤农化分析［M］. 3 版. 北京：中国农业出版社.

陈婕，2017. 丛枝菌根真菌（AMF）提高刺槐耐盐性机制的研究［D］. 杨凌：西北农林科技大学.

陈雪冬，2018. 不同造林模式丛枝菌根真菌群落特征及其分解枯落物的研究［D］. 杨凌：西北农林科技大学.

高俊凤，2006. 植物生理学实验指导［M］. 北京：高等教育出版社.

李建国，濮励杰，朱明，等，2012. 土壤盐渍化研究现状及未来研究热点［J］. 地理学报，67（9）：1233-1245.

李娜，张一鹤，韩晓增，等，2019. 长期不同植被覆盖对黑土团聚体内有机碳组分的影响［J］. 植物生态学报，43（7）：624-634.

李朕，2017. 丛枝菌根真菌（AMF）提高青杨雌雄株抗旱性的影响［D］. 杨凌：西北农林科技大学.

刘婷，2014. 丛枝菌根真菌（AMF）调控杨树生长及干旱响应机制的研究［D］. 杨凌：西北农林科技大学.

潘喆，2006. 基于山西市农业资源数据库的土地适宜性评价研究［D］. 北京：中国农业大学.

彭思利，申鸿，袁俊吉，等，2011. 丛枝菌根真菌对中性紫色土土壤团聚体特征的影响［J］. 生态学报 31（2）：498-505.

齐丹丹，2014. 应用 iTRAQ 技术对紫穗槐菌根蛋白的分析［D］. 哈尔滨：黑龙江大学.

吴娜，2018. 丛枝菌根真菌（AMF）对青杨雌株和雄株耐盐性影响的研究［D］. 杨凌：西北农林科技大学.

吴娜, 李朕, 王娟, 等, 2022. 丛枝菌根真菌对栗钙土水稳性团聚体特征的影响 [J]. 西北农林科技大学学报（自然科学版）, 50（5）: 58-64.

杨培岭, 罗远培, 石元春, 1993. 用粒径的重量分布表征的土壤分形特征 [J]. 科学通报, 38（20）: 1896-1899.

张新璐, 2020. 盐渍土中刺槐根际 AMF 群落特征及其提高刺槐耐盐性机制的研究 [D]. 杨凌: 西北农林科技大学.

钟思远, 张静, 褚国伟, 等, 2018. 南亚热带森林丛枝菌根真菌与土壤结构的关系 [J]. 生态科学, 37（5）: 16-24.

ABBOTT L, ROBSON A D, BOER G D, 1984. The effect of phosphorus on the formation of hyphae in soil by the vesicular-arbuscular mycorrhizal fungus, *Glomus fasciculatum* [J]. New Phytologist, 97: 437-446.

ABDEL LATEF H A A, HE C X, 2011. Effect of arbuscular mycorrhizal fungi on growth, mineral nutrition, antioxidant enzymes activity and fruit yield of tomato grown under salinity stress [J]. Scientia Horticulturae, 127（3）: 228-233.

AGAMI R A, 2014. Application of ascorbic acid or proline increase resistance to salt stress in barley seedlings [J]. Biologia Plantarum, 58（2）: 341-347.

AHMED I, ISLAM E I, SHERIF S, 2020. Salt stress signals on demand: cellular events in the right context [J]. International Journal of Molecular Sciences, 21（11）: 3918.

ALGUACIL M M, LUMINI E, ROLDAN A, et al., 2008. The impact of tillage practices on arbuscular mycorrhizal fungal diversity in subtropical crops [J]. Ecological Applications, 18（2）: 527-536.

ALIZADEH S, GHARAGOZ S F, POURAKBAR L, et al., 2021. Arbuscular mycorrhizal fungi alleviate salinity stress and alter phenolic compounds of *Moldavian balm* [J]. Rhizosphere, 2: 100417.

AMIRI R, NIKBAKHT A, ETEMADI N, et al., 2017. Nutritional status, essential oil changes and water-use efficiency of rose geranium in response to arbuscular mycorrhizal fungi and water deficiency stress [J]. Symbiosis, 73 (1): 15-25.

ANDERSON I C, CAMPBELL C D, PROSSER J I, 2003. Diversity of fungi in organic soils under a moorland-Scots pine (*Pinus sylvestris*) gradient [J]. Environmental Microbiology, 5: 1121-1132.

AROCA R, PORCEL R, RUIZ-LOZANO J M, 2007. How does arbuscular mycorrhizal symbiosis regulate root hydraulic properties and plasma membrane aquaporins in *Phaseolus vulgaris* under drought, cold or salinity stresses? [J]. New Phytologist, 173 (4): 808-816.

ASHRAF M A, AKBAR A, PARVEEN A, et al., 2017. Phenological application of selenium differentially improves growth, oxidative defense and ion homeostasis in maize under salinity stress [J]. Plant Physiology and Biochemistry, 123: 268-280.

ATIENZA M J, JIANG X, GARCIADEBLAS B, et al., 2007. Conservation of the salt overly sensitive pathway in rice [J]. Plant Physiology, 143 (2): 1001-1012.

BÁRZANA G, AROCA R, PAZ J A, et al., 2012. Arbuscular mycorrhizal symbiosis increases relative apoplastic water flow in roots of the host plant under both well-watered and drought stress conditions [J]. Annals of Botany, 109 (109): 1009-1017.

BARZEGARGOLCHINI B, MOVAFEGHI A, DEHESTANI A, et al., 2017. Increased cell wall thickness of endodermis and protoxylem in *Aeluropus littoralis* roots under salinity: the role of *LAC*4 and *PER*64 genes [J]. Journal of Plant Physiology, 218: 127-134.

BELL C A, MAGKOURILOU E, URWIN P E, et al., 2022. Disruption of carbon for nutrient exchange between potato and arbuscular mycorrhizal fungi enhanced cyst nematode fitness and host pest tolerance [J]. New Phytologist, 234: 269-279.

BEVER J D, DIXKIE I A, FACELLI E, et al., 2010. Rooting theories of plant community ecology in microbial interactions [J]. Trends in Ecology and Evolution, 25 (8): 468-478.

BHARTI N, BARNAWAL D, WASNIK K, et al., 2016. Co-inoculation of *Dietzia natronolimnaea* and *Glomus intraradices* with vermicompost positively influences *Ocimum basilicum* growth and resident microbial community structure in salt affected low fertility soils [J]. Applied Soil Ecology, 100: 211-225.

BIN P, HUANG R, ZHOU X, 2017. Oxidation resistance of the sulfur amino acids: methionine and cysteine [J]. BioMed Research International, 6: 1-6.

BIRGISDOTTIR A B, JOHANSEN T, 2020. Autophagy and endocytosis-interconnections and interdependencies [J]. Jouranl of Cell Science, 133 (10): 228114.

BIRHANE E, GEBREGERGS T, HAILEMARIAM M, et al., 2021. Root colonization and spore abundance of arbuscular mycorrhizal fungi along altitudinal gradients in fragmented church natural forest remnants in northern Ethiopia [J]. Microbial Ecology, 82 (12): 233-242.

BISCHOFF V, NITA S, NEUMETZLER L, et al., 2010. *Trichome Birefringence* and its homolog *AT5G01360* encode plant-specific DUF231 protein required for cellulose biosynthesis in *Arabidopsis* [J]. Plant Physiology, 153: 590-602.

BLESS A E, COLIN F, CRABIT A, et al., 2018. Landscape evolution and agricultural land salinization in coastal area: a conceptual model [J]. Science of the Total Environment, 625: 647-656.

BRAY R J, CURTIS J T, 1957. An ordination of the upland forest communities of southern Wisconsin [J]. Ecological Monographs, 27 (4): 325-349.

BRUMBAROVA T, BAUER P, IVANOV R, 2015. Molecular mechanisms governing *Arabidopsis* iron uptake [J]. Trends in Plant Science, 20: 124-133.

CAMPANELLI A, RUTA C, MASTRO G D, et al., 2013. The role of arbuscular mycorrhizal fungi in alleviating salt stress in *Medicago sativa* L. var. icon [J]. Symbiosis, 59: 65-76.

CAPORASO J G, KUCZYNSKI J, STOMBAUGH J, et al., 2010. QIIME allows analysis of high-throughput community sequencing data [J]. Nature Methods, 7 (5): 335-336.

CASAMAYOR E O, SCHAFER H, BANERAS L, et al., 2000. Identification of and spatio-tem-poral differences between microbial assemblages from two neighboring sulfurous lakes: comparison by microscopy and denaturing gradient gel electrophoresis [J]. Applied and Environmental Microbiology, 66: 499-508.

CHEN C, CAO Q, JIANG Q, et al., 2019. Comparative transcriptome analysis reveals gene network regulating cadmium uptake and translocation in peanut roots under iron deficiency [J]. BMC Plant Biology, 19: 35.

CHEN J, ZHANG H Q, ZHANG X L, et al., 2017. Arbuscular mycorrhizal symbiosis alleviates salt stress in *Black Locust* through improved photosynthesis, water status, and K^+/Na^+ homeostasis [J]. Frontiers in Plant Science, 8 (8): 1739.

CHEN J, ZHANG H Q, ZHANG X L, et al., 2020. Arbuscular mycorrhizal symbiosis mitigates oxidative injury in black locust under salt stress through modulating antioxidant defence of the plant [J]. Environmental and Experimental Botany, 175: 104034.

CHEN S L, HAWIGHORST P, SUN J, et al., 2014. Salt tolerance in *Populus*: significance of stress signaling networks, mycorrhization, and soil amendments for cellular and whole-plant nutrition [J]. Environmental and Experimental Botany, 107 (6): 113-124.

CHENG T, CHEN J, ZHANG J, et al., 2015. Physiological and proteomic analyses of leaves from the halophyte *Tangut nitraria* reveals diverse response pathways critical for high salinity tolerance [J]. Frontiers in Plant Science, 6 (30): 1-13.

CHENG Z, CHEN Y, ZHANG F, 2021. Impact of abandoned salinized farmland reclamation on distribution of inorganic phosphorus in soil aggregates in Northwest China [J]. Journal of Soil Science and Plant Nutrition, 22 (1): 706-718.

CHIU C H, CHOI J, PASZKOWSKI U, 2018. Independent signaling cues underpin arbuscular mycorrhizal symbiosis and large lateral root induction in rice [J]. New Phytologist, 217 (2): 552-557.

CHO S K, KIM J, PARK A, 2006. Constitutive expression of abiotic stress-inducible hot pepper *CaXTH3*, which encodes a xyloglucan endotransglucosylase/hydrolase homolog, improves drought and salt tolerance in transgenic of *Arabidopsis plants* [J]. FEBS Letters, 580: 3136-3144.

CHOWANIEC K, ROLA K, 2022. Evaluation of the importance of ionic and osmotic components of salt stress on the photosynthetic efficiency of epiphytic lichens [J]. Physiology and Molecular Biology of Plants, 28 (1): 107-121.

CHUNG J S, ZHU J K, BRESSAN R A, et al., 2008. Reactive oxygen species mediate Na$^+$-induced *SOS1* mRNA stability in *Arabidopsis* [J]. Plant Journal, 53 (3): 554-565.

CONTRERAS-CORNEJO H A, MACIAS-RODRIGUEZ L, ALFARO-CUEVAS R, et al., 2014. Improve growth of *Arabidopsis* seedings under salt stress through enhanced root development, osmolite production, and Na$^+$ elimination through root exudates [J]. Molecular Plant-Microbe Interactions, 27: 503-514.

COSENTINO C, FISCHER-SCHLIEBS E, BERTL A, et al., 2010. Na$^+$/H$^+$ antiporters are differentially regulated in response to NaCl stress in leaves and roots of *Mesembryanthemum crystallinum* [J]. New Phytologist, 186: 669-680.

COURTNEY K C, BAINARD L D, SIKES B A, et al., 2012. Determining a minimum detection threshold in terminal restriction fragment length polymorphisms analysis [J]. Journal of Microbiological Methods, 88: 14-18.

DE ANDRADE S A L, DOMINGUES A P, MAZZAFERA P, 2015. Photosynthesis is induced in rice plants that associate with arbuscular mycorrhizal fungi and are grown under arsenate and arsenite stress [J]. Chemosphere, 134: 141-149.

DEINLEIN U, STEPHAN A B, HORIE T, et al., 2014. Plant salt – tolerance mechanisms [J]. Trends in Plant Science, 19 (6): 371-379.

DELAVAUX C S, SMITH-RAMESH L M, KUEBBING S E, 2017. Beyond nutrients: a meta-analysis of the diverse effects of arbuscular mycorrhizal fungi on plants and soils [J]. Ecology, 98 (8): 2111-2119.

DIAO F W, DANG Z H, CUI X, et al., 2021a. Transcriptomic analysis revealed distinctive modulations of arbuscular mycorrhizal fungi inoculation in halophyte *Suaeda salsa* under moderate salt conditions [J]. Environmental and Experimental Botany, 183: 104337.

DIAO F W, DANG Z H, XU J, et al., 2021b. Effect of arbuscular mycorrhizal symbiosis on ion homeostasis and salt tolerance – related gene expression in halophyte *Suaeda salsa* under salt treatments [J]. Microbiological Research, 245: 126688.

DING M, HOU P, SHEN X, et al., 2010. Salt-induced expression of genes related to Na^+/K^+ and ROS homeostasis in leaves of salt-resistant and salt-sensitive poplar species [J]. Plant Molecular Biology, 73 (3): 251-269.

EBINE K, MIYAKAWA N, FUJIMOTO M, et al., 2012. Endosomal trafficking pathway regulated by ARA6, a RAB5 GTPase unique to plants [J]. Small GTPases, 3: 23-27.

EDGAR R C, 2013. Uparse: highly accurate OTU sequences from microbial amplicon reads [J]. Nature Methods, 10 (10): 996-998.

ELASAD M, AHMAD A, WANG H, et al., 2020. Overexpression of *CDSP*32 (*GhTRX*134) cotton gene enhances drought, salt, and oxidative stress tolerance in *Arabidopsis* [J]. Plants, 9 (10): 1388.

EVELIN H, DEVI T S, GUPTA S, et al., 2019. Mitigation of salinity stress in plants by arbuscular mycorrhizal symbiosis: current understanding and new challenges [J]. Frontiers in Plant Science, 10: 470.

EVELIN H, GIRI B, KAPOOR R, 2013. Ultrastructural evidence for AMF mediated salt stress mitigation in *Trigonella foenum-graecum* [J]. Mycorrhiza, 23 (1): 71-86.

FAN H, HU Y, DU C, et al., 2015. Phloem sap proteome studied by iTRAQ provides integrated insight into salinity response mechanisms in cucumber plants [J]. Journal of Proteomics, 125: 54-67.

FAN X, CHANG W, FENG F F, et al., 2018. Response of photosynthesis-related parameters and chloroplast ultrastructure to atrazine in alfalfa (*Medicago sativa* L.) inoculated with arbuscular mycorrhizal fungi [J]. Ecotoxicology and Environmental Safety, 166: 102-108.

FLÁVIA R, CAPALDI PRISCILA L, GRATÃO ANDRÉ, et al., 2015. Sulfur metabolism and stress defense responses in plants [J]. Tropical Plant Biology, 8 (3-4): 60-73.

GABRIELLA F, VANESSA A, MARCIEL TEIXEIRA O, et al., 2018. Arbuscular mycorrhizal fungi and foliar phosphorus inorganic supply alleviate salt stress effects in physiological attributes, but only arbuscular mycorrhizal fungi increas biomass in woody species of a semiarid environment [J]. Tree Physiology, 38 (1): 25-36.

GARDES M, BRUNS T D, 1993. ITS primers with enhanced specificity for basidiomycetes-application to the identification of mycorrhizae and rusts [J]. Molecular Ecology, 2: 113-118.

GERDEMANN J W, NICOLSON T H, 1963. Spores of mycorrhizal *Endogone* species extracted from soil by wet sieving and decanting [J]. Transaction of the British Mycological Society, 46: 235-244.

GIOVANNETTI M, MOSSE B, 1980. An evaluation of techniques for measuring vesicular-arbuscular mycorrhizal infection in roots [J]. New Phytologist, 84: 489-500.

GOPAL S, SHAGOL C C, KANG Y Y, et al., 2018. Arbuscular mycorrhizal fungi spore propagation using single spore as starter inoculum and a plant host [J]. Journal of Applied Microbiology, 124 (6): 1556-1565.

GRAHAM J H, SYVERTSEN J P, 1989. Vesicular-arbuscular mycorrhiza increase chloride concentration in citrus seedlings [J]. New Phytologist, 113: 29-36.

GRAUS D, KONRAD K R, BEMM F, et al., 2018. High V-PPase activity is beneficial under high salt loads, but detrimental without salinity [J]. New Physiologist, 219: 1421-1432.

GUAN B, ZHANG H X, WANG H X, et al., 2020. Salt is a main factor shaping community composition of arbuscular mycorrhizal fungi along a vegetation successional series in the Yellow River Delta [J]. Catena, 185: 104318.

GUI H, PURAHONG W, HYDE K D, et al., 2017. The arbuscular mycorrhizal fungus *Funneliformis mosseae* alters bacterial communities in subtropical forest soils during litter decomposition [J]. Frontiers in Microbiology, 8: 1120.

GUO Q, WANG P, MA Q, et al., 2012. Selective transport capacity of K^+ over Na^+ is linked to the expression levels of *PtSOS*1 in halophyte *Puccinellia tenuiflora* [J]. Functional Plant Biology, 39: 1047-1057.

GUO X, GONG J, 2014. Differential effects of abiotic factors and host plant traits on diversity and community composition of root-colonizing arbuscular mycorrhizal fungi in a salt-stressed ecosystem [J]. Mycorrhiza, 24: 79-94.

GUZMAN A, MONTES M, HUTCHINS L, et al., 2021. Crop diversity enriches arbuscular mycorrhizal fungal communities in an intensive agricultural landscape [J]. New Phytologist, 231: 447-459.

HAJIBOLAND R, ALIASGHARZADEH N, LAIEGH S F, et al., 2010. Coloni-zation with arbuscular mycorrhizal fungi improves salinity tolerance of tomato (*Solanum Lycopersicum* L.) plants [J]. Plant and Soil, 331 (1-2): 313-327.

HAN Y, WANG Y H, HAO J, et al., 2013. Reciprocal grafting separates the roles of the root and shoot in sex-related drought responses in *Populus cathayana* males and females [J]. Plant, Cell and Environment, 36: 356-364.

HARPER R J, DELL B, RUPRECHT J K, et al., 2021. Soils and landscape restoration [M]. New York: Academic Press.

HASHEM A, ABD ALLAH E F, ALQARAWI A A, et al., 2015. Arbuscu-lar mycorrhizal fungi enhanced salinity tolerance of *Panicum turgidum* Forssk by altering photosynthetic and antioxidant pathways [J]. Journal of Plant Interac-tions, 10 (1): 230-242.

HASHEM A, ABD ALLAH E F, ALQARAWI A A, et al., 2016. The interaction between arbuscular mycorrhizal fungi and endophytic bacteria enhances plant growth of *Acacia gerrardii* under salt stress [J]. Frontiers in Microbiology, 7 (868): 105-115.

HASHEM A, ALQARAWI A A, RADHAKRISHNAN R, et al., 2018. Arbuscu-lar mycorrhizal fungi regulate the oxidative system, hormones and ionic equilib-rium to trigger salt stress tolerance in *Cucumis sativus* L. [J]. Saudi Journal of Biological Science, 25: 1102-1114.

HE F, ZHANG H Q, TANG M, 2016. Aquaporin gene expression and physiological responses of *Robinia pseudoacacia* L. to the mycorrhizal fungus *Rhizophagus irregularis* and drought stress [J]. Mycorrhiza, 26 (4): 311-323.

HIDRI R, BAREA J M, METOUI - BEN MAHMOUD O, et al., 2016. Impact of microbial inoculation on biomass accumulation by *Sulla carnosa* provenances, and in regulating nutrition, physiological and antioxidant activities of this species under non - saline and saline conditions [J]. Journal of Plant Physiology, 201: 28-41.

HORIE T, HAUSER F, SCHROEDER J I, 2009. HKT transporter-mediated salinity resistance mechanisms in *Arabidopsis* and monocot crop plants [J]. Trends in Plant Science, 14: 660-668.

HU W T, ZHANG H Q, CHEN H, et al., 2017. Arbuscular mycorrhizas influence *Lycium barbarum* tolerance of water stress in a hot environment [J]. Mycorrhiza, 27 (5): 451-463.

ITOH H M, NACARRO R, TAKESHITA K, et al., 2014. Bacterial population succession and adaptation affected by insecticide application and soil spraying history [J]. Frontiers in Microbiology, 5 (457): 457.

JAHROMI F, AROCA R, PORCEL R, et al., 2008. Influence of salinity on the *in vitro* development of *Glomus intraradices* and on the *in vivo* physiological and molecular responses of mycorrhizal lettuce plants [J]. Microbial Ecology, 55 (1): 45-53.

JANG J Y, KIM D G, KIM Y O, et al., 2004. An expression analysis of a gene family encoding plasma membrane aquaporins in response to abiotic stresses in *Arabidopsis thaliana* [J]. Plant Molecular Biology, 54 (5): 713-725.

JIA T T, Wang J, Chang W, et al., 2019. Proteomics analysis of *E. angustifolia* seedlings inoculated with arbuscular mycorrhizal fungi under salt stress [J]. International Journal of Molecular Sciences, 20: 788.

JIE Y, WENKAI R, GUAN Y, et al., 2016. L-cysteine metabolism and its nutritional implications [J]. Molecular Nutrition and Food Research, 60 (1): 134-146.

JIAO H, CHEN Y L, LIN X G, et al., 2011. Diversity of arbuscular mycorrhizal fungi in greenhouse soils continuously planted to watermelon in North China [J]. Mycorrhiza, 21: 681-688.

KABIR A H, PALTRIDGE N G, ROESSNER U, et al., 2012. Mechanisms associated with Fe-deficiency tolerance and signaling in shoots of *Pisum sativum* [J]. Physiologia Plantarum, 147: 381-395.

KAPOOR R, EVELIN H, MATHUR P, et al., 2013. Plant acclimation to environmental stress [M]. New York: Springer Press.

KOBAYASHI Y, MAEDA T, YAMAGUCHI K, et al., 2018. The genome of *Rhizophagus clarus* HR1 reveals a common genetic basis for auxotrophy among arbuscular mycorrhizal fungi [J]. BMC Genomics, 19: 465.

KOHLER J, CARAVACA F, AZCON R, et al., 2016. Suitability of the microbial community composition and function in a semiarid mine soil for assessing phytomanagement practices based on mycorrhizal inoculation and amendment addition [J]. Journal of Environmental Management, 169: 236-246.

KRISHNAMOORTHY R, KIM K, KIM C, et al., 2014. Changes of arbuscular mycorrhizal traits and community structure with respect to soil salinity in a coastal reclamation land [J]. Soil Biology and Biochemistry, 72: 1-10.

KRÜGER M, KRÜGER C, WALKER C, et al., 2012. Phylogenetic reference data for systematics and phylotaxonomy of arbuscular mycorrhizal fungi from phylum to species level [J]. New Phytologist, 193: 970-984.

LANG T, DENG S R, ZHAO N, et al., 2017. Salt-sensitive signaling networks in the mediation of K^+/Na^+ homeostasis gene expression in *Glycyrrhiza uralensis* roots [J]. Frontiers in Plant Science, 8: 201-210.

LAZAREVIC B, LOSAK T, MANSCHADI A M, 2018. Arbuscular mycorrhizae modify winter wheat root morphology and alleviate phosphorus deficit stress [J]. Plant, Soil and Environment, 64 (1): 47-52.

LEE J, LEE S, YOUNG J P W, 2008. Improved PCR primers for the detection and identification of arbuscular mycorrhizal fungi [J]. FEMS Microbiology Ecology, 65 (2): 339-349.

LI Z, WU N, LIU T, et al., 2015. Effect of arbuscular mycorrhizal inoculation on water status and photosynthesis of *Populus cathayana* males and females under water stress [J]. Physiologia Plantarum, 155 (2): 192-204.

LI Z, WU N, LIU T, et al., 2020a. Gender-related responses of dioecious plant *Populus cathayana* to AMF, drought and planting pattern [J]. Scientific Reports, 10: 11530.

LI Z, WU N, MENG S, et al., 2020b. Arbuscular mycorrhizal fungi (AMF) enhances the tolerance of *Euonymus maackii* Rupr. at moderate level of salinity [J]. PLoS ONE, 15 (4): e0231497.

LIN X, FENG Y, ZHANG H, et al., 2012. Long-term balanced fertilization decreases arbuscular mycorrhizal fungal diversity in an arable soil in North China revealed by 454 pyrosequencing [J]. Environmental Science and Technology, 46 (11): 5764-5771.

LIU T, CHEN J A, WANG W, et al., 2014a. A combined proteomic and transcriptomic analysis on sulfur metabolism pathways of *Arabidopsis Thaliana* under simulated acid rain [J]. PLoS ONE, 9 (3): e90120.

LIU T, WANG C Y, CHEN H, et al., 2014b. Effects of arbuscular mycorhizal colonization on the biomass and bioenergy production of *Populus×canadensis* 'Neva' in sterilized and unsterilized soil [J]. Acta Physiologiae Plantarum, 36 (4): 871-880.

LUO L, ZHANG P, ZHU R, et al., 2017. Autophagy is rapidly induced by salt stress and is required for salt tolerance in *Arabidopsis* [J]. Frontiers in

Plant Science, 8: 1459.

LUSITE I D, LEVINSH G, 2010. Diversity of arbuscular mycorrhizal symbiosis in plants from coastal habitats [J]. Environmental and Experimental Biology, 8: 17-34.

MA Q, LI Y X, YUAN H J, et al., 2014. *ZxSOS*1 is essential for long-distance transport and spatial distribution of Na$^+$ and K$^+$ in the xerophyte *Zygophyllum xanthoxylum* [J]. Plant and Soil, 374: 661-676.

MATHU M C, KRÜGER M, KRÜGER C, et al., 2021. The genome of *Geosiphon pyriformis* reveals ancestral traits linked to the emergence of the arbuscular mycorrhizal symbiosis [J]. Current Biology, 31: 1570-1577.

MCGONIGLE T P, MILLER M H, EVANS D G, et al., 1990. A new method which gives an objective measure of colonization of roots by vesicular-arbuscular mycorrhizal fungi [J]. New Phytologist, 115 (3): 495-501.

METTE V, FRÉDÉRIC H, IGNACIO R C J, et al., 2010. Rhizosphere bacterial community composition responds to arbuscular mycorrhiza, but not to reductions in microbial activity induced by foliar cuttinngs [J]. FEMS Microbiology Ecology, 1: 78-89.

MILLER G, SUZUKI N, CIFTCI-YILMAZ S, et al., 2010. Reactive oxygen species homeostasis and signaling during drought and salinity stress [J]. Plant, Cell and Environment, 33: 453-467.

MOIN M, BAKSHI A, MADHAV M S, et al., 2017. Expression profiling of ribosomal protein gene family in dehydration stress responses and characterization of transgenic rice plants overexpressing *RPL23A* for water-use efficiency and tolerance to drought and salt stresses [J]. Frontiers in Chemistry, 5 (97): 591-605.

MORIN E, MIYAUCHI S, CLEMENTE H S, et al., 2019. Comparative genomics of *Rhizophagus irregularis*, *R. cerebriforme*, *R. diaphanus* and *Gigas-*

pora rosea highlights specific genetic features in Glomeromycotina [J]. New Phytologist, 222: 1584-1598.

MULLER K, MARHAN S, KANDELER E, et al., 2017. Carbon flow from litter through soil microorganisms: from incorporation rates to mean residence times in bacteria and fungi [J]. Soil Biology and Biochemistry, 115: 187-196.

MUMMEY D L, RILLIG M C, 2007. Evaluation of LSU rRNA-gene PCR primers for analysis of arbuscular mycorrhizal fungal communities via terminal restriction fragment length polymorphism analysis [J]. Journal of Microbiological Methods, 70: 200-204.

MUNNÉ-BOSCH S, 2015. Sex ratios in dioecious plants in the framework of global change [J]. Environmental and Experimental Botany, 109: 99-102.

MUNNS R, JAMES R A, XU B, et al., 2012. Wheat grain yield on saline soils is improved by an ancestral Na^+ transporter gene [J]. Nature Biotechnology, 30: 360-364.

MUYZER G, DEWAAL E C, UITTERLINDEN A G, 1993. Profiling of complex microbial populations by denaturing gradient gel electrophoresis analysis of polymerase chain reaction-amplified genes coding for 16S rRNA [J]. Applied and Environmental Microbiology, 59: 695-700.

NAKABAYASHI R, YONEKURASAKAKIBARA K, URANO K, et al., 2014. Enhancement of oxidative and drought tolerance in *Arabidopsis* by overaccumulation of antioxidant flavonoids [J]. Plant Journal, 77 (3): 367-379.

NIU M L, HUANG Y, SUN S T, et al., 2018. Root respiratory burst oxidase homologue-dependent H_2O_2 production confers salt tolerance on a grafted cucumber by controlling Na^+ exclusion and stomatal closure [J]. Journal of Experimental Botany, 69 (14): 3465-3476.

OH D H, LEE S Y, BRESSAN R A, et al., 2010. Intracellular consequences of

SOS1 deficiency during salt stress [J]. Journal of Experiment Botany, 61 (4): 1205-1213.

ORLOVA Y V, SERGIENKO O V, KHALILOVA L A, et al., 2019. Sodium transport by endocytic vesicles in cultured *Arabidopsis thaliana* (L.) Heynh. cells [J]. In Vitro Cellular and Developmental Biology, 55: 359-370.

OUZIAD F, WILDE P, SCHMELZER E, et al., 2006. Analysis of expression of aquaporins and Na^+/H^+ transporters in tomato colonized by arbuscular mycorrhizal fungi and affected by salt stress [J]. Environmental and Experimental Botany, 57 (1-2): 177-186.

PANG Q Y, ZHANG A Q, ZANG W, et al., 2016. Integrated proteomics and metabolomics for dissecting the mechanism of global responses to salt and alkali stress *Suaeda Corniculata* [J]. Plant and Soil, 402 (1-2): 379-394.

PARIHAR M, RAKSHIT A, RANA K, et al., 2020. Arbuscular mycorrhizal fungi mediated salt tolerance by regulating antioxidant enzyme system, photosynthetic pathways and ionic equilibrium in pea (*Pisum sativum* L.) [J]. Biologia Futura, 71 (3): 289-300.

PENELLA C, NEBAUER S G, LOPEZ GALARZA S, et al., 2017. Grafting pepper onto tolerant rootstocks: an environmental-friendly technique overcome water and salt stress [J]. Scientia Horticulturae, 226: 33-41.

PHILLIPS J M, HAYMAN D S, 1970. Improved procedures for clearing roots and staining parasitic and vesicular - arbuscular mycorrhizal fungi for rapid assessment of infection [J]. Transactions of the British Mycological Society, 55: 158-161.

PHOBOO S, SARKAR D, BHOWMIK P C, et al., 2016. Improving salinity resilience in swertia chirayita clonal line with *Lactobacillus Plantarum* [J]. Canadian Journal of Plant Science, 96 (1): 117-127.

PORCEL R, AROCA R, AZCÓN R, et al., 2016. Regulation of cation transporter genes by the arbuscular mycorrhizal symbiosis in rice plants subjected to salinity suggests improved salt tolerance due to reduced Na^+ root-to-shoot distribution [J]. Mycorrhiza, 26 (7): 673-684.

PORCEL R, AROCA R, RUIZ-LOZANO J M, 2012. Salinity stress alleviation using arbuscular mycorrhizal fungi: a review [J]. Agronomy for Sustainable Development, 32 (1): 181-200.

RABAB A M, REDA E A, 2018. Synergistic effect of arbuscular mycorrhizal fungi on growth and physiology of salt-stressed *Trigonella foenum-graecum* plants [J]. Biocatalysis and Agricultural Biotechnology, 16: 501-509.

RAHMAN M M, RAHMAN M A, MIAH M G, et al., 2017. Mechanistic insight into salt tolerance of *Acacia auriculiformis*: the importance of ion selectivity, osmoprotection, tissue tolerance, and Na^+ exclusion [J]. Frontiers in Plant Science, 8 (787): 155.

RECORBET G, COURTY P E, WIPF D, 2020. Recovery of extra-radical fungal peptides amenable for shotgun protein profiling in arbuscuar mycorrhizae [J]. Methods in Molecular Biology, 2146: 223-238.

REN C G, KONG C C, YAN K, et al., 2019. Transcriptome analysis reveals the impact of arbuscular mycorrhizal symbiosis on *Sesbania cannabina* exposed to high salinity [J]. Scientific Reports, 9: 2780.

REN Z H, GAO J P, LI L G, et al., 2005. A rice quantitative trait locus for salt tolerance encoded a sodium transporter [J]. Nature Genetic, 37: 1141-1146.

REZACOVA V, SIAVIKOVA R, KONVALINKOVA T, et al., 2017. Imbalanced carbon-for-phosphorus exchange between European arbuscular mycorrhizal fungi and non-native *Panicum* grasses - A case of dysfunctional symbiosis [J]. Pedobiologia, 62: 48-55.

RILLIG M C, AGUILAR-TRIGUEROS C A, BERGMANN J, et al., 2015.

Plant root and mycorrhizal fungal traits for understanding soil aggregation [J]. New Phytologist, 205 (4): 1385-1388.

RIM N, GHASSEN A, CHAHINE K, et al., 2021. Evaluating the contribution of osmotic and oxidative stress components on barley growth under salt stress [J]. AoB Plants, 13 (4): 34.

RISEHIR IGUEZ, EBRAHIMI - ZARANDI M, TAMANADAR E, et al., 2021. Salinity stress: toward sustainable plant strategies and using plant growth-promoting rhizobacteria encapsulation for reducing it [J]. Sustainability, 13 (22): 12758.

RODRÍGUEZ-SOALLEIRO R, EIMIL-FRAGA C, GOMEZ-GARCIA E, et al., 2018. Exploring the factors affecting carbon and nutrient concentrations in tree biomass components in natural forests, forest plantations and short rotation forestry [J]. Forest Ecosystems, 5: 35.

ROMERO-MUNAR A, DEL-SAZ N F, RIBAS-CARBÓ M, et al., 2017. Arbuscular mycorrhizal symbiosis with *Arundo Donax* decreases root respiration and increases both photosynthesis and plant biomass accumulation [J]. Plant, Cell and Environment, 40: 115-1126.

ROY T, MANDAL U, MANDAL D, et al., 2021. Role of arbuscular mycorrhizal fungi in soil and water conservation: a potentially unexplored domain [J]. Current Science, 120 (10): 1573-1577.

RUIZ-LOZANO J M, PORCEL R, AZCON C, et al., 2012. Regulation by arbuscular mycorrhizae of the integrated physiological response to salinity in plants: new challenges in physiological and molecular studies [J]. Journal of Experimental Botany, 63 (11): 4033-4044.

SAIBO N J, LOURENCO T M, OLIVEIRA M M, 2009. Transcription factors and regulation of photosynthetic and related metabolism under environmental stresses [J]. Annals of Botany, 103 (4): 609-623.

SATO K, SUYAMA Y, SAITO M, 2005. A new primer for discrimination of arbuscular mycorrhizal fungi with polymerase chain reaction - denature gradient gel electrophoresis [J]. Grass Science, 51: 179-181.

SELEIMAN M F, KHEIR A M S. 2018. Saline soil properties, quality and productivity of wheat grown with bagasse ash and thiourea in different climatic zones [J]. Chemosphere, 193: 538-546.

SHAFI A, GILL T, ZAHOOR I, et al., 2019. Ectopic expression of *SOD* and *APX* genes in *Arabidopsis* alters metabolic pools and genes related to secondary cell wall cellulose biosynthesis and improve salt tolerance [J]. Molecular Biology Reports, 46: 1985-2002.

SHAHBAZ M, ABID A, MASOOD A, et al., 2017. Foliar - applied trehalose modulates growth, mineral nutrition, photosynthetic abiolity, and oxidative defense system of rice (*Oryza sativa* L.) under saline stress [J]. Journal of Plant Nutrition, 40 (4): 584-599.

SHELKE D B, PANDEY M, NIKALJE G C, et al., 2017. Salt responsive physiological, photosynthetic and biochemical attributes at early seedling stage for screening soybean genotypes [J]. Plant Physiology and Biochemistry, 118: 519-528.

SHENG M, CHEN X D, ZHANG X L, et al., 2017. Changes in arbuscular mycorrhizal fungal attributes along a chronosequence of black locust (*Robinia pseudoacacia*) plantations can be attributed to the plantation-induced variation in soil properties [J]. Science of the Total Environment, 599 - 600: 273 - 283.

SHENG M, TANG M, CHEN H, et al., 2009. Influence of arbuscular mycorrhizae on the root system of maize plants under salt stress [J]. Canadian Journal of Microbiology, 55 (7): 879-886.

SHENG M, TANG M, ZHANG F F, et al., 2011. Influence of arbuscular mycorrhiza on organic solutes in maize leaves under salt stress [J]. Mycorrhiza, 21 (5): 423-430.

SHENG M, ZHANG X L, CHEN X D, et al., 2019. Biogeography of arbuscular mycorrhizal fungal communities in saline ecosystems of northern China [J]. Applied Soil Ecology, 143: 213-221.

SHI H, QUINTERO F J, PARDO J M, et al., 2002. The putative plasma membrane Na$^+$/H$^+$ antiporter SOS1 controls long-distance Na$^+$ transport in plants [J]. Plant Cell, 14 (2): 465-477.

SHI H, ZHU J K, 2002. Regulation of expression of the vacuolar Na$^+$/H$^+$ antiporter gene AtNHX1 by salt stress and abscisic acid [J]. Plant Molecular Biology, 50: 543-550.

SHYU C, SOULE T, BENT S J, et al., 2007. MiCA: a web-based tool for the analysis of microbial communities based on terminal-restriction fragment length polymorphisms of 16S and 18S rRNA Genes [J]. Microbial Ecology, 53: 562-570.

SINGH N, PETRINIC I, HELIX NIELSEN C, et al., 2018. Concentrating molasses distillery wastewater using biomimetic forward osmosis (FO) membranes [J]. Water Research, 130: 271-280.

SMITH S E, READ D J, 2010. Mycorrhizal symbiosis [M]. New York: Academic press.

SUGIURA Y, AKIYAMA R, TANAKA S, et al., 2020. Myristate can be used as a carbon and energy source for the asymbiotic growth of arbuscular mycorrhizal fungi [J]. Proceedings of the National Academy of Science of the United States of America, 117 (41): 25779-25788.

SUN J, CHEN S L, DAI S X, et al., 2009. NaCl-included alternations of cellular and tissue ion fluxes in roots of salt-resistant and salt-sensitive poplar species [J]. Plant Physiology, 149 (2): 1141-1153.

SUN J, WANG M J, DING M Q, et al., 2010. H_2O_2 and cytosolic Ca^{2+} signals triggered by the PM H^+-coupled transport system mediate K^+/Na^+ homeostasis in NaCl stressed *Populus euphratica* cells [J]. Plant, Cell and Environment, 33 (6): 943-958.

SUN X P, CHEN W B, LVANOV S, et al., 2019. Genome and evolution of the arbuscular mycorrhizal fungus *Diversispora epigaea* (formely *Glomus versiforme*) and its bacterial endosymbionts [J]. New Phytologist, 221: 1556-1573.

SUNARPI H T, HORIE T, MOTODA J, et al., 2005. Enhanced salt tolerance mediated by *AtHKT*1 transporter-induced Na^+ unloading from xylem vessels to xylem parenchyma cells [J]. Plant Journal, 44: 928-938.

SWAPNIL S, ITI G M, SHARAD T, 2018. *Klebsiella* sp. confers enhanced tolerance to salinity and plant growth promotion in oat seedlings (*Avena sativa*) [J]. Microbiological Research, 206: 25-32.

SYKOROVA Z, INEICHEN K, WIEMKEN A, et al., 2007. The cultivation bias: different communities of arbuscular mycorrhizal fungi detected in roots from the field, from bait plants transplanted to the field, and from a greenhouse trap experiment [J]. Mycorrhiza, 18: 1-14.

SYMANCZIK S, COURTY P E, BOLLER T, et al., 2015. Impact of water regimes on an experimental community of four desert arbuscular mycorrhizal fungal (AMF) species, as affected by the introduction of a non-native AMF species [J]. Mycorrhiza, 25: 639-647.

TALAAT N B, SHAWKY B T, 2014a. Protective effects of arbuscular mycorrhizal fungi on wheat (*Triticum aestivum* L.) plants exposed to salinity [J]. Environmental and Experimental Botany, 98 (1): 20-31.

TALAAT N B, SHAWKY B T, 2014b. Modulation of the ROS-scavenging system in salt - stressed wheat plants inoculated with arbuscular mycorrhizal fungi

[J]. Journal of Plant Nutrition and Soil Science, 177 (2): 199-207.

TERASHIMA I, ONO K, 2002. Effects of $HgCl_2$ on CO_2 dependence of leaf photosynthesis: Evidence indicating involvement of aquaporins in CO_2 diffusion across the plasma membrane [J]. Plant and Cell Physiology, 43 (1): 70-78.

TESTER M, DAVENPORT R, 2003. Na^+ tolerance and Na^+ transport in higher plants [J]. Annals of Botany, 91 (5): 503-527.

THANGAVEL P, ANJUM N A, MUTHUKUMAR T, et al., 2022. Arbuscular mycorrhizae: natural modulators of plant - nutrient relation and growth in stressful environments [J]. Archives of Microbiology, 204: 264.

TIAN Y H, LEI Y B, ZHENG Y L, et al., 2013. Synergistic effect of colonization with arbuscular mycorrhizal fungi improves growth and drought tolerance of *Plukenetia volubilis* cuttinngs [J]. Acta Physiologiae Plantarum, 35 (3): 687-696.

TISSERANT E, MALBREIL M, KUO A, et al., 2013. Genome of an arbuscular mycorrhizal fungus provides insight into the oldest plant symbiosis [J]. Proceedings of the National Academy of Sciences, 110 (50): 20117-20122.

TU Z, SHEN Y, WEN S, et al., 2020. Alternative splicing enhances the transcriptome complexity of *Liriodendron chinense* [J]. Frontiers in Plant Science, 11: 578100.

TUSKAN G A, DIFAZIO S, JANSSON S, et al., 2006. The genome of black cottonwood, *Populus trichocarpa* [J]. Science, 313: 1596-1604.

UEDA M, TSUTSUMI N, FUJIMOTO M, 2016. Salt stress induces internalization of plasma membrane aquaporin into the vacuole in *Arabidopsis thaliana* [J]. Biochemical and Biophysical Research Communications, 474: 742-746.

UEHLEIN N, LOVISOLO S, SIEFRITZ F, et al., 2003. The tobacco aquaporin NtAQP1 is a membrane CO_2 pore with physiology functions [J]. Nature, 425

(6959): 734-737.

VALAT L, DEGLENE-BENBRAHIM L, KENDEL M, et al., 2018. Transcriptional induction of two phosphate transporter 1 genes and enhanced root branching in grape plants inoculated with *Funneliformis mosseae* [J]. Mycorrhiza, 28 (2): 179-185.

VAN HEERDEN J H, BRUGGEMAN F J, TEUSINK B, 2015. Multi-tasking of biosynthesis and energetic functions of glycolysis explained by supply and demand logic [J]. BioEssays, 37 (1): 34-45.

VENICE F, GHIGNONE S, FOSSALUNGA S, et al., 2020. At the nexus of three kingdoms: the genome of the mycorrhizal fungus *Gigaspora margarita* provides insights into plant, endobacterial and fungal interactions [J]. Environmental Microbiology, 22 (1): 122-141.

VEZZANI F M, ANDERSON C, MEENKEN E, et al., 2018. The important of plants to development and maintenance of soil structure, microbial communities and ecosystem functions [J]. Soil and Tillage Research, 175: 139-149.

VLCEK V, POHANKA M, 2020. Glomalin-an interesting protein part of the soil organic matter [J]. Soil and Water Research, 15 (2): 67-74.

WANG H, ZHANG M, GUO R, et al., 2012. Effects of salt stress on ion balance and nitrogen metabolism of old and young leaves in rice (*Oryza Sativa* L.) [J]. BMC Plant Biology, 12 (1): 1-13.

WANG J C, YAO L R, LI B C, et al., 2016. Comparative proteomic analysis of cultured suspension cells of the halophyte *Halogeton glomeratus* by iTRAQ provides insights into response mechanisms to salt stress [J]. Frontiers in Plant Science, 7: 1-12.

WANG N, QIAO W Q, LIU X H, et al., 2017. Relative contribution of Na$^+$/K$^+$ homeostasis, photochemical efficiency and antioxidant defense system to differential salt tolerance in cotton (*Gossypium hirsutum* L.) cultivars [J]. Plant

Physiology and Biochemistry, 119: 121-131.

WANG P, NOLAN T M, YIN Y, et al., 2020a. Identification of transcription factors that regulate *ATG8* expression and autophagy in *Arabidopsis* [J]. Autophagy, 16: 123-139.

WANG S, LI L, YING Y, et al., 2020b. A transcription factor OsbHLH156 Regulates strategy II iron acquisition through localizing IRO2 to the nucleus in rice [J]. New Phytologist, 225: 1247-1260.

WANG S, SRIVASTAVA A K, WU Q S, et al., 2014. The effect of mycorrhizal inoculation on the rhizosphere properties of trifoliate orange (*Poncirus trifoliata* L. Raf.) [J]. Scientia Horticulturae, 170: 137-142.

WANG W, PANG J, ZHANG F, et al., 2022. Salt responsive transcriptome analysis of canola roots reveals candidate genes involved in the key metabolic pathway in response to salt stress [J]. Scientific Reports, 12 (1): 567-575.

WANG Y, LIN J, HUANG S C, et al., 2019. Isobaric tags for relative and absolute quantification-based proteomic analysis of *Puccinellia tenuiflora* inoculated with arbuscular mycorrhizal fungi reveal stress response mechanism in alkali-degraded soil [J]. Land Degrad and Development, 30: 1584-1598.

WATTS-WILLIAMS S J, CAVAGNARO T R, 2014. Nutrient interactions and arbuscular mycorrhizas: a meta-analysis of a mycorrhiza-defective mutant and wild-type tomato genotype pair [J]. Plant and Soil, 384 (1-2): 79-92.

WEINTRAUB M N, SCHIMEL J P, 2005. Nitrogen cycling and the spread of shrubs control changes in the carbon balance of arctic tundra ecosystem [J]. Bioscience, 55: 408-415.

WHITE T, BRUNS T D, LEE S B, et al., 1990. PCR protocols: a guide to methods and applications [M]. New York: Academic Press.

WILDE P, MANAL A, STODDEN M, et al., 2009. Biodiversity of arbuscular mycorrhizal fungi in roots and soils of two salt marshes [J]. Environmental Microbiology, 11: 1548-1561.

WILDE S A, COREY R B, LYER J G, et al., 1985. Soil and plant analysis for tree culture [M]. New Delhi: Oxford and IBM Pulishing Co.

WRIGHT S F, UPADHYAYA A A, 1998. A survey of soils for aggregate stability and glomalin, a glycoprotein produced by hyphae of arbuscular mycorrhizal fungi [J]. Plant and Soil, 198: 97-107.

WU F, FANG F R, WU N, et al., 2020. Nitrate transporter gene expression and kinetics of nitrate uptake by *Populus×canadian* 'Neva' in relation to arbuscular mycorrhizal fungi and nitrogen availability [J]. Frontiers in Microbiology, 11: 176.

WU F, ZHANG H Q, FANG F R, et al., 2017. Effects of nitrogen and exogenous *Rhizophagus irregularis* on the nutrient status, photosynthesis and leaf anatoy of *Populus×canadensis* 'Neva' [J]. Journal of Plant Growth Regulation, 36 (4): 824-835.

WU G Q, XI J J, WANG Q, et al., 2011. The *ZxNHX* gene encoding tonoplast Na$^+$/H$^+$ antiporter from the xerophyte *Zygophyllum xanthoxylum* plays important roles in response to salt and drought [J]. Journal of Plant Physiology, 168: 758-767.

WU N, LI Z, LIU H G, et al., 2015. Influence of arbuscular mycorrhiza on photosynthesis and water status of *Populus cathayana* Rehder males and females under salt stress [J]. Acta Physiologiae Plantarum, 37 (9): 183.

WU N, LI Z, WU F, et al., 2016. Comparative photochemistry activity and antioxidant responses in male and female *Populus cathayana* cuttings inoculated with arbuscular mycorrhizal fungi under salt [J]. Scientific Reports, 6: 51-60.

WU N, LI Z, WU F, et al., 2019. Micro-environment and microbial community in the rhizosphere of dioecious *Populus cathayana* at Chaka Salt Lake [J]. Journal of Soils and Sediments, 19 (6): 2740–2751.

WU N, LI Z, MENG S, et al., 2021a. Soil properties and microbial community in the rhizosphere of *Populus alba* var. *pyramidalis* along a chronosequence [J]. Microbiological Research, 250: 753–760.

WU N, LI Z, TANG M, 2021b. Impact of soil salinity and exogenous AMF inoculation on indigenous microbial community structure in the rhizosphere of dioecious *Populus cathayana* [J]. Scientific Reports, 11: 18403.

WU Q S, XI R X, ZOU Y N, 2008. Improved soil structure and citrus growth after inoculation with three arbuscular mycorrhizal fungi under drought stress [J]. European Journal of Soil Biology, 44 (1): 122–128.

XIE X A, LAI W Z, CHE X R, et al., 2022. A SPX domain–containing phosphate transporter from *Rhizophagus irregularis* handles phosphate homeostasis at symbiotic interface of arbuscular mycorrhizas [J]. New Phytologist, 234 (2): 325–331.

XU S L, RAHMAN A, BASKIN T I, et al., 2008a. Two leucine–rich repeat receptor kinases mediate signaling, linking cell wall biosynthesis and ACC synthase in *Arabidopsis* [J]. Plant Cell, 20: 3065–3079.

XU X, YANG F, XIAO X W, et al., 2008b. Sex–specific responses of *Populus cathayana* to drought and elevated temperatures [J]. Plant, Cell and Environment, 31 (6): 850–860.

XU Z S, CHEN M, LI L C, et al., 2008c. Functions of the *ERF* transcription factor family in plants [J]. Botany, 86 (9): 969–977.

YAMADA T, TAKENAKA C, YOSHINAGA S, et al., 2013. Long – term changes in the chemical properties of Japanses cedar (*Cryptomeria japonica*) forest soils under high precipitation in southwest Japan [J]. Journal of Forest Research, 18: 466–474.

YAMAMOTO K, SUZUKI T, AIHARA Y, et al., 2014. The phototropic response is locally regulated within the topmost light–responsive region of the *Arabidopsis thaliana* seedling [J]. Plant and Cell Physiology, 55 (3): 497–506.

YANG F, XIAO X W, ZHANG S, et al., 2009. Salt stress responses in *Populus cathayana* Rehder [J]. Plant Science, 176: 669–677.

YANG Y R, TANG M, SULPICE R, et al., 2014. Arbuscular mycorrhizal fungi alter fractal dimension characteristic of *Robinia pseudoacacia* L. seedlings through regulating plant growth, leaf water status, photosynthesis, and nutrient concentration under drought stress [J]. Journal of Plant Growth Regulation, 33 (3): 612–625.

YE J M, ZHANG W H, GUO Y, 2013. *Arabidopsis SOS*3 plays an important role in salt tolerance by mediating calcium–dependent microfilament reorganization [J]. Plant Cell Reports, 32 (1): 139–148.

YUAN H J, MA Q, WU G Q, et al., 2015. *ZxNHX* controls Na^+ and K^+ homeostasis at the whole–plant level in *Zygophyllum xanthoxylum* through feedback regulation of the expression of genes involved in their transport [J]. Annals of Botany, 115: 495–507.

ZHANG H, LIU Y, XU Y, et al., 2012. A newly isolated Na^+/H^+ antiporter gene, *DmNHX*1, confers salt tolerance when expressed transiently in *Nicotiana benthamiana* or stably in *Arabidopsis thaliana* [J]. Plant Cell Tissue and Organ Culture, 110: 189–200.

ZHANG H Q, LIU Z K, CHEN H, et al., 2016. Symbiosis of arbuscular mycorrhizal fungi and *Robinia pseudoacacia* L. improves root tensile strength and soil aggregate stability [J]. PLoS One, 11 (4): e0153378.

ZHANG N, ZHANG H J, SUN Q Q, et al., 2017a. Proteomic analysis reveals a role of melatonin in promoting cucumber seed germination under high salinity by regulating energy production [J]. Scientific Reports, 7 (1): 503.

ZHANG W D, WANG P, BAO Z L T, et al., 2017b. *SOS*1, *HKT*1; 5, and *NHX*1 synergistically modulate Na⁺ homeostasis in the halophytic grass *Puccinellia tenuiflora* [J]. Frontiers in Plant Science, 8: 576.

ZHANG X H, GAO H M, LIANG Y Q, et al., 2021. Full−length transcriptome analysis of asparagus roots reveals the molecular mechanism of salt tolerance induced by arbuscular mycorrhizal fungi [J]. Environmental and Experimental Botany, 185: 104402.

ZHANG X H, HAN C Z, GAO H M, et al., 2019. Comparative transcriptome analysis of the garden asparagus (*Asparagus officinalis* L.) reveals the molecular mechanism for growth with arbuscular mycorrhizal fungi under salinity stress [J]. Plant Physiology and Biochemistry, 141: 20−29.

ZHENG M, LIU X, LIN J, et al., 2019. Histone acetyltransferase GCN5 contributes to cell wall integrity and salt stress tolerance by altering expression of cellulose synthesis genes [J]. Plant Journal, 97: 587−602.

ZHONG C, YANG Z F, JIANG W, et al., 2014. Annual input fluxes and source identification of trace elements in atmospheric deposition in Shanxi Basin: the largest coal base in China [J]. Environmental Science and Pollution Research, 21 (21): 12305−12315.

ZHU H, YU X, XU T, et al., 2015. Transcriptome profiling of cold acclimation in bermudagrass (*Cynodon dactylon*) [J]. Scientia Horticulturae, 194: 230−236.

ZUCCARINI P, OKUROWSKA P, 2008. Effects of mycorhizal colonization and fertilization on growth and photosynthesis of sweet basil under salt stress [J]. Journal of Plant Nutrition, 31 (3): 497−513.